談個戀愛，
關數學什麼事!？

賴以威──著
NIN──繪

## 新版作者序

　　這幾年來，偶爾在演講後會有大學生、甚至年輕老師會拿著《超展開數學》系列來找我簽名。

　　「我小時候很喜歡這本書！」

　　他們在跟我開玩笑嗎？小時候？不管是第幾次聽到我都會有這種想法。但掐指算一下，十多年前的書，當時如果是高中生十六歲的年紀，現在也來到二十七歲了。而我，也從剛起步推廣數學科普，不知不覺間又走了十年。

　　十年之間發生了很多事情，我對數學也有更深刻的認識。這麼說有一點不好意思，不過的確會有那種越來越「悟道」的感覺。當年寫《超展開數學教室》時，很多靈感還是來自於某些經典的數學科普案例，例如黃金比例、37％法則等等，我只是轉換到高中校園的生活場景。如果讀者讀起來覺得有一些不順暢或略顯突兀，那您可能沒有錯，是非常敏銳的讀者，發現了我當年許多不成熟之處。

　　這本書裡有許多「炫技」，想展現數學的趣味、活用之處。可數學其實是更基礎的思考方式。多數時候我們以為在思考，其實僅僅只是憑著直覺或經驗再做決定。數學則是要求我們放棄感性、放棄經驗刻畫出來的道路，純粹以邏輯、數據為依據進行判斷。這是很不容易的，很違反人性的做法。但如果學會了，我相信對每個人都有巨大幫助的。

# 新版作者序

　　不過這個道理很難三言兩語說清楚，光是這樣講，或許也太抽象了。如果以初次踏入數學世界，或者說，初次從「計算的數學」來到「思考的數學」的旅人們來說，《超展開數學》系列應該還是比較理想的形式。它也的確是我在當時，以不成熟的筆法，但長達一年全心投入的創作。還記得那時候我像是人格分裂一樣，每天自己跟自己對話，想著雲方會說什麼，阿叉會怎麼回應，孝和又會怎樣帥氣地出場。就像小孩子會有想像的虛擬朋友，或是對著玩偶說話。我也有一群想像中的數學好友，我可以隨時切換視角成為他們的某一人，或是浮在空中看著他們聊天。

　　很高興寫下了這本書，讓這群想像的好友更具體，出現在文字中，出現在你的眼前。也希望他們能穿越時空的限制，持續成為你和更多人的數學好友。再讓我們透過數學，彼此連結、影響。謝謝你成為超展開數學的一員。

賴以威
書於 45 的平方年

# 目錄

新版作者序      2
人物介紹      6

## 第一部　數學・早餐店・夢中情人

01　等腰直角三明治      10
02　非線性的減肥成效      20
03　神明 Say No 的機率是 1/3      28
04　行天宮裡的統計學家      38
05　排唸書進度也需要數學？      46
06　捷運車廂裡的房地產      56

## 第二部　勁敵！籃球男現身

07　聯誼中的二分圖配對      66
08　世杰與阿叉的勝負表格      76
09　自由落體的心情      86
10　看完電影為什麼要聊幾何平均數      96
11　逛街時遇見三角函數與最佳化      106

## 第三部　數學告白大作戰

12　超展開數學旅行團 I      116

| | | |
|---|---|---|
| 13 | 超展開數學旅行團 II | 126 |
| 14 | 賽局愛情建議：主動出擊 | 136 |
| 15 | 對手告白的機率 | 146 |
| 16 | 讓機率決定命運 | 154 |

## 第四部　原來你／妳也是……

| | | |
|---|---|---|
| 17 | 從早餐店開始的貝氏定理 | 166 |
| 18 | 先倒牛奶還是先放涼 | 178 |
| 19 | 和騎著蜥蜴的史巴克聯誼 | 188 |

## 終曲　那些後來的事

| | | |
|---|---|---|
| 20 | 開鬆餅店煎鬆餅 | 200 |
| 21 | 超展開數學教室 | 210 |

## 超展開數學約會・外傳

| | |
|---|---|
| 捷運地下委員會 | 220 |
| 用數學找出班上的風雲人物 | 236 |
| 十年後…… | 246 |

| | |
|---|---|
| 後記　站在數學無用論的另一側 | 256 |

# 人物介紹

**孝和**
超展開數學教室學生，就讀台大電機系大二，數學天才，被世杰稱為相對於文青的數（學）青（年）。

**小昭**
師大公領系大一新生，欣妤的大學同學，個性溫和，熱愛數學的謎樣美少女。

**賴皮**
生活和台北市捷運有緊密關係的謎樣人物。

**世杰**
孝和的大學同學，表面上是數理高材生，實際上痛恨數學，直到遇見小昭才開始「假裝」喜歡數學。

# 第一部

數學・早餐店・夢中情人

# 01

## 等腰直角三明治

「喜歡上愛喝咖啡的女孩,你就會喜歡咖啡,
開始理解深焙跟淺焙的差異,
喜歡上看文藝片的女孩,你就會喜歡文藝片,
開始接觸那些不講英文、中間常常定格一分鐘以上的影展電影。」
我用宣布重大事情的語氣作結。
「因為她,我從此刻開始喜歡數學。
再說,倘若數學有知,有人願意喜歡它就該偷笑了吧。」

超展開數學約會

「你蹺掉系上必修,跑去上師大的通識課?」

「神明的旨意啊!」

上次這麼開心是什麼時候?去年考上台大電機系?當時挺開心的,不過跟現在比還是差遠了,就像……

「就像普通辣椒跟特立尼達蠍子壯漢 T 辣椒的差別?」

「嘎?」

「前者的辣度只有一萬左右,而後者的將近 150 萬。這麼大的差距,所以會用對數(log)來衡量……」

指對數嗎……孝和的聲音在我耳中逐漸變弱。數學是個神奇的話題,任何人一提到它,你都會覺得對方的聲音越來越像背景音樂,越來越聽不清楚。高中數學老師是這樣,孝和也是。他是我在系上認識的第一個朋友,也是現在的死黨。緣分很奇妙,迎新會場上有一百多個同學,但往往講第一句話的對象,就是跟你最合拍的人。

我大學第一年的生活基本上分成兩種:跟孝和在一起,沒跟孝和在一起。想想,前者的比例似乎還高一點。

雖然友情很棒,但對想交女朋友的青春男性來說,偶爾還是有些感嘆。

\*

大二開學第一週,像在懲罰大一日子過太爽,系上必修課的負擔頓時暴增。

今早有一門必修課,我跟孝和約好各自去聽不同的老師,再彙整資訊,討論要加簽哪一位。理論上是這樣啦。

「為什麼你跑去師大了!」

# 01 等腰直角三明治

「我在可大可小遇到她。」

「啊？誰？」

可大可小是學校附近一間早餐店，生意很好，常常得兩三個人併桌。

「我那時候邊吃邊預習工數講義。」

孝和一臉不相信的表情，我不甘願地說：「手機快沒電，報紙又被拿走，我只好拿投影片打發時間。當我看到快睡著──」

「有到三分鐘嗎？」

我不理孝和的吐嘈。

「一陣清脆的聲音說：『請問這邊有坐人嗎？』回頭一看，夢中情人拿著三明治在跟我說話！」

「上次見學伴你也這樣說。」

「是啦，但夢的等級完全不一樣。」

「就像普通辣椒跟特立尼達蠍子壯漢T辣椒的差別？」

「不要再用辣椒的譬喻了！我知道啦，出自於你跟你老師的書對吧？當年還在排行榜上對吧？很厲害啦。」

孝和露出得意的微笑。

孝和：心算比按計算機還快的數學天才，高中時遇到一位很特別的數學老師，師生相處的過程還被改寫成小說《超展開數學教室》。

我認識孝和之後才知道這件事，所以你不知道也沒關係，相當正常。

這也是我跟孝和最大的差異。雖然我考上理組第一志願，但我

 超展開數學約會

靠的是將近滿分的國英兩科,我覺得語言有趣而且實用。數學剛好相反,既無趣又不實用。

以前我常把「想和朋友絕交最好的方法就是逼他算數學」(改編自「想和朋友絕交的最好方法就是借他錢」)掛在嘴邊,因為孝和的關係,最近比較少說了。

我發自內心討厭數學,有討厭數學比賽的話,我一定可以得名。偏偏這正是此刻的問題所在。

## 世杰的回憶

「請問這邊有坐人嗎?」

「沒、沒有……!」

我察覺自己的聲音微微顫抖。我曾以為與夢中情人相會的場景必定無比浪漫:在校園裡散步,她抱著筆記本站在樹下抬頭凝視一朵花;在教室裡上課,她手肘碰掉了筆記本,我彎腰幫她撿起來,告訴她裡面有一句抄錯了;在咖啡廳裡,她錯拿起吧台上剛做好的咖啡,意外發現我們點了同一款「杏仁糖漿按三下的大杯熱拿鐵」……

都不是。

原來不需要任何場景的烘托,夢中情人一出現,就算是瀰漫油煙味的併桌早餐店,也是無比浪漫。

夢中情人正把玩著手中的三明治。

我不懂,「三明治有什麼好看的嗎?」

14

# 01 等腰直角三明治

　　登愣！我驚訝自己的內心疑問竟然不小心脫口而出。她看了我幾秒，在思考要報警還是把三明治砸到我臉上。

　　「它為什麼不做成等腰直角三角形，而是這種不乾不脆的直角三角形呢？」

　　這又是什麼狀況？！「等腰直角三角形」七個字史上頭一遭出現在早餐店。

　　莫非她聽過我的名言「想和朋友絕交的最好方法就是逼他算數學」？

　　但我們還不是朋友，有必要這麼急著跟我絕交嘛！

　　無數個疑惑在腦海裡熱熱鬧鬧舉辦起祭典。

　　「我也不是特別喜歡等腰直角三角形，只是覺得，如果能用一個常見的直角三角形，例如邊長（3，4，5）的三角形，那不是很棒嗎？會讓人有種他鄉遇故知的感覺。」

　　沒有一個直角三角形是「常見」的好嗎！！

　　儘管吐嘈的台詞在腦海中像是彈幕一樣不斷跑出來，但我體認到一件事實：話是誰說的很重要。

　　要是其他人講出這句話，我一定換桌走人。倘若哪一間早餐店推出「（3，4，5）培根蛋土司」，我一定列為拒絕往來戶，打電話給國稅局檢舉它逃稅。

　　但因為是她，我一點都不覺得稱直角三角形「故知」有什麼奇怪。

　　Hello Kitty 這種沒嘴巴的貓都有廣大粉絲了，為什麼不能有人喜歡直角三角形。

　　「嗯，比起（3，4，5），我比較喜歡角度（30，60，90）的三角形，角度是等差數列，邊長又有無理數 $\sqrt{3}$，給人一種華麗的感

超展開數學約會

覺。」

我聽見自己的聲音說出一串莫名其妙的話。她露出的開心表情，讓我覺得這輩子都語言功能失調也沒關係。

「然後你就跟她去師大上《小說與電影中的數學思維》這門通識課了？」

孝和的話把我從粉紅色的早餐店回憶裡拉回現實。

「身為喜歡（30，60，90）華麗直角三角形的我，知道師大有一門以數學為主題的通識課也是合情合理的。」

孝和沒接話。我搖搖手上的可樂，冰塊發出清脆的撞擊聲。

「她叫做班昭，是師大公領系的大一新生，全名是公民教育與活動領導系。我們交換了臉書，你看超可愛的吧～」

我把手機螢幕塞到孝和眼前，他問：

「文組女生喜歡數學？」

「不行嗎？數青還要限制他人喜歡數學，得數學好才能喜歡嗎？」

數青是「數學青年」的簡稱，是我發明專用在孝和身上的。

「也是，而且說不定她唸文組但數學很好。」

「她指考數學 53 分。」

「最接近 60 分的質數。」

我盯著孝和不說話。

「我臉上有什麼嗎？」

「快教我，我需要這種莫名其妙講到數學的能力。」

我雙手高舉過頭合十。

「她現在誤會我也是數青，所以我們之間有那種，嗯，兩隻瀨

16

臨絕種動物在非洲草原上好不容易相遇的感覺。而且啊⋯⋯」

我的音量逐漸變小。

「她覺得我數學很好。」

嘎？孝和發出奇怪的聲響。

「她知道我是第一志願。而且我提了上次你說的BMI（Body Mass Index）豆知識。」

## 五天前的燒肉店

BMI：身體質量指數，用來衡量一個人是否過胖或過瘦，計算方式為 BMI ＝體重(kg)/ 身高$^2$(m)。

塞進最後一塊肉，我說：

「我BMI越來越高了。」

「沒關係，你個子高，距離『真正』的BMI超標其實比你想的還要遠。」

孝和摸摸肚子。

「BMI之父統計學家Quetelet在著作《A Treatise on Man and the Development of His Faculties》裡提到：『倘若人在xyz軸的生長幅度都相等，他體重與身高的比例約是3次方。』」

「惹是什麼亦使？」

我塞了一塊豬五花到嘴裡。

「BMI有點像身體的『密度』，是質量與體積的比值。但人畢竟不是正立方體，所以Quetelet又補充：『在可接受範圍內，我們假設體重2次方除以身高5次方為定值。』整理成數學公式是『體重$^2$(kg)/ 身高$^5$(m)＝ 定值』，等於『體重(kg)/ 身高$^{2.5}$(m)＝ 定值』。」

超展開數學約會

「所以 BMI 的原始定義是體重除以身高的 2.5 次方才對。」

「為什麼後來變成 2 次方？」

「牛津大學數學系教授 Nick Trefethen 認為，發明 BMI 的年代（1842）計算 2.5 次方不容易。為了推廣 BMI 指標，才改成比較好算的 2 次方。為了便利而喪失精確度，在數學計算中相當常見。」

「燒肉配次方，真是絕佳的佐料！老闆可以結帳了。」

「我講出這段，她超級欽佩我的！」

孝和冷冷地回答：「你當時只有『BMI 跟 IBM 是 3B 哎』（註：賓果遊戲術語，猜對字母但猜錯位置稱為 B，同時猜對字母與位置稱為 A）這種回答。你不擅長也不喜歡數學，這是詐騙。」

「喜歡上愛喝咖啡的女孩，你就會喜歡咖啡，開始理解深焙跟淺焙的差異，喜歡上看文藝片的女孩，你就會喜歡文藝片，開始接觸那些不講英文、中間常常會定格某個場景一分鐘以上的影展電影。」我義正辭嚴地反駁，接著用宣布重大事情的語氣作結：「因為她，我從此刻開始喜歡數學。再說，倘若數學有知，有人願意喜歡它就該偷笑了吧。」

「這話一聽就不是喜歡數學的人會說的。」

「以後不說了。」

我閉緊嘴巴，催眠自己愛上數學。

# 02

## 非線性的減肥成效

「你不可能前一秒討厭數學,下一秒就覺得有趣。
如果有這種靈藥仙丹,所有的數學老師都得救了。」
數學老師是全天下最辛苦的業務員,
每天要跟上百人推銷他們覺得自己一輩子也用不到的東西。
「數學老師最難的不是教證明,是教大家喜歡數學。
要讓同學意識到,數學不是獨立在生活之外,
而是和生活互為表裡,就像光與影。」

　　吃完中餐，我和世杰轉移陣地到「雪克屋」咖啡廳。

　　比起教室，大學生更容易出現在咖啡廳。剛上大一時我不懂為什麼學長們連唸書也要約去咖啡廳。世杰故作老成說：「補償心態。唸書無聊，只好花錢請自己喝一杯咖啡，『看在都請我喝咖啡的份上，就好好唸一下吧』。」

　　「唸書又不一定無聊。」

　　世杰望向我手中的微積分課本，重重嘆了一口氣。

　　「她現在在幹嘛呢？」

　　「正在讀那本有名的數學小說《博士熱愛的算式》吧。」

　　從新生訓練的第一天，我跟世杰就很要好。他想到什麼就說什麼，心裡的城府只有奈米等級。或許是互補的關係，我喜歡跟這種個性的人來往。

　　「比起喬裝成喜歡數學，依你能耍的心機程度，我看還是直接喜歡上數學比較簡單。」

　　「我是打算這樣啊，如果在真愛面前都得假裝，那樣的人生太悲哀了。」

　　「你在說出『（30，60，90）度的華麗直角三角形』時有覺得悲哀嗎？」

　　「那是逼不得已的。」

　　世杰翻了個白眼，敲敲桌子說：

　　「快教我啦，以微積分為例，你為什麼覺得微積分有趣？」

　　好問題，我思考著：數學有與生俱來的美感、不證自明的定理、嚴謹得宛如咬合緊密齒輪的邏輯性；它同樣有與生俱來的趣味，所以數獨才會風靡全球。

只是,對討厭數學的人說這些都沒用,就像對討厭榴槤的人說「榴槤真的很香啊」一樣,只會更拉開雙方的距離。

「一次微分是什麼?」我問世杰。

「斜率。」

「『斜率』還是一個數學名詞啊,你能不能換一種說法?」

我伸手阻止世杰在餐巾紙上畫完他的曲線和切線。問 100 個人這個問題會得到 95 個一樣的答案,人們習慣用數學來解釋數學,彷彿數學是一座與世隔絕的孤島,裡面的生物都是特有種,跟現實世界完全不同。

「呃⋯⋯」

世杰發出吃壞肚子的聲音,我決定給他一點時間,看他能拉出什麼。

「咖啡都冷了還沒想出來嗎?」

「比解微分還難。」

我喝了口咖啡,讓香氣在嘴裡擴散,講出準備好的答案:

「你的咖啡從一上來很燙,到現在變涼了。這個變化的過程是——」

「牛頓冷卻定律,這跟微分⋯⋯噢,對哎。」

畢竟是第一志願的學生,世杰很快想到大一普通物理中講到的牛頓冷卻定律:物體溫度的變化,和它此刻與周遭環境的「溫度差」成正比。

「假設現在咖啡的溫度是 $C$,周遭環境的溫度是 $s$,冷卻定律告訴我們⋯⋯」

我把世杰的餐巾紙拿過來,寫下

$$\frac{dc}{dt}=k(c-s)$$

「等號右邊是咖啡和周遭環境的溫度差，乘上固定常數 k。等號左邊的一次微分就是？」

「咖啡溫度的變化。」

我點點頭。

「所以斜率是『變化』的意思。熱咖啡變涼的過程可以用斜率來描述，斜率越大，涼得越快，斜率越小，涼得比較慢。」

世杰看看咖啡，又看看我。

「所以咧？我不懂有趣的點在哪裡。」

「表示微分是世界上的某個現象，不僅僅是『斜率』、『過曲線上某點的切線』這種抽象概念。」

「我有說牛頓冷卻定律。」世杰反駁。

「但你沒想到眼前的咖啡正在進行一場牛頓冷卻定律實驗。我的意思是，你不可能前一秒討厭數學，下一秒就覺得有趣。如果有這種靈藥仙丹的話，全天下的數學老師都得救了。」

「我只聽過『不用上數學課，得救了』，倒沒聽過數學老師也需要人救。」

從某個角度來說，數學老師是全天下最辛苦的業務員，每天都要跟上百個人推銷他們覺得自己一輩子也用不到的東西。

「數學老師最難的不是教證明，是教大家喜歡數學。」

我想起唯一例外的一位：我的高中數學老師雲方，從第一堂課起他就沒教什麼數學定理，從此改變了我們對數學的心態，喜歡上數學。

## 非線性的減肥成效

關鍵在於他講出數學跟生活中的連結。

「你要先意識到，數學不是獨立在生活之外，而是和生活互為表裡，就像光與影。」

「這是抄《聖堂教父》的台詞吧。嗯，至少我下次和班昭喝咖啡時，可以告訴她牛頓冷卻定律，還把公式默寫出來，她一定會覺得我很棒。」

世杰拿出手機拍下我剛寫的公式。

「前提是你要能約到她喝咖啡。」

我的話像液態氮，讓世杰急速冷凍。

「我得先想辦法讓她覺得我有趣，才能約她去喝咖啡；但我得喝咖啡，才有機會講出牛頓冷卻定律。為什麼變成了雞生蛋，蛋生雞！」

「雞生蛋，蛋生雞是在講已經發生的事情，邏輯上是『是我先讓她覺得有趣，才去喝咖啡；還是我們先去喝咖啡，她才覺得我有趣？』你這邊是什麼都還沒發生吧。」

「不要再用邏輯攻打我了，你快想一個有趣的哏吧，這杯我請。」

世杰還真的拿了帳單走到櫃檯。

等他回到座位上，我說：「既然微分是描述『變化』，你也不一定要講咖啡冷卻，任何事物的變化都可以，比方說你可以延續上次的減肥話題。坊間有很多減肥方法，什麼快走幾小時啊，少吃幾餐啊，這些策略大多建立在『減少 1 公斤的脂肪需要消耗 7700 大卡的熱量』這個原則上。像運動是直接消耗熱量，少吃則是減少熱量攝取。對吧？」

世杰點點頭。

超展開數學約會

「所以囉,假如你遵守某個減重策略,一週快走 5 小時,消耗 7700 大卡的話⋯⋯」

「一週就能瘦 1 公斤,第二週瘦 2 公斤。」

「一個月呢?」

「4〜5 公斤。」

「10 週呢?」

「10 公斤。」

「一年呢?」

「5⋯⋯」

世杰也發現奇怪之處了。

「不可能嘛,一年瘦 52 公斤,兩年就瘦 104 公斤了。這些減重策略的盲點是假設固定的『變化』,也就是一次微分為定值。」

「線性斜率。」

「朽木可雕也。」

世杰不理我的吐嘈,繼續說:「我表姐減肥每次都是一開始有用,到後來都變成只是說說。」

我為那不在場卻被舉例的表姐感到同情。

「她可能也不是說說。因為同一個人在減肥的過程中,體重、代謝的速度都會改變。他的熱量攝取基準點逐漸降低。一陣子後,如果想持續減重,就得依據新的體質設計出更高標準的飲食習慣與運動方式。下降變化隨著時間逐漸變小,這樣的方程式是什麼?」

世杰伸出食指,在空中畫了條曲線。

「一次微分從負數逐漸趨近於 0,這是開口向上(convex),二次微分大於 0。」

「二次微分可以看成一次微分的『變化』,所以當一次微分是

從負數逐漸變成 0，越變越大，二次微分自然大於 0。」

「以前背是背過，倒是沒這樣想⋯⋯」世杰喃喃自語。

「回過頭來，你表姐就算貫徹減肥策略，效用也會越來越小。要維持固定變少的體重，就得用越來越強的減重策略。」

「『線性變化』的迷思不僅發生在減重，例如政府會公布一些統計數據，像少子化，然後推論幾十年後會多慘。事實上不會那麼慘，那只是做了線性假設的結果。」

我每次看到這類報導都覺得很荒謬。但沒辦法，線性最容易理解，很多時候人們的選擇標準是「好用」而非「正確」。

「『變化』不一定是線性，未來也可能像剛剛講的開口向上，下降的幅度越來越趨緩。」

「也可能是相反的開口向下（concave），下降的幅度越來越快。所以為了台灣的生育率著想，我要努力愛上數學，再讓班昭愛上我！」

「跟女生聊減肥好嗎？」世杰激動地握拳，然後像忽然想起什麼似地問我。

「她胖嗎？」

「不會，但也不是紙片人。」

「那就好，表示她不太在意體重，應該沒關係。」

事實上也可能是在意體重但無法減肥成功，這是機率的問題，我想。

只是再跟世杰談起機率，應該超過他的負荷了吧。

# 03

## 神明 Say No 的機率是 1/3

「我在想一個跟咖啡有關的數學。」
「怎樣的數學呢?」
七十歲生日的那天,
我們一起來計算從相識到現在總共喝了幾杯咖啡好嗎?
以一週 2 杯來估計,一年有 52 週,
現在到七十歲還有 51 年,一共是 5304 杯咖啡。
「你怎麼不說話了呢?」
我得停止妄想,專注在眼前跟小昭的互動。

超展開數學約會

今天上午,我繼續去旁聽「我也超級有興趣」的師大數學通識課。我創下自己上大學的三個紀錄:第一次提早到、第一次坐那麼前面(還用書包占了一個不可能會有人也想坐的前排座位)、第一次課前預習。

我把講義放在桌上,盯著前後門,十幾分鐘後,班昭出現了。

那一瞬間我先低頭,抬頭,再和她揮手。營造出唸書唸到一半在思考,不經意地看到她的樣子。不枉費我昨天晚上對鏡子練習了好幾次,我相信這一切看起來相當自然。

班昭邊揮手邊走過來了!

我對昨晚努力練習的我深表感謝!

「你原來已經在教室了。我剛去吃早餐時還在想會不會遇到你。」

「遇……遇到我嗎?妳、妳說妳想像會遇到我嗎?!」

「哈,你幹嘛裝得那麼誇張,好好笑噢。」

班昭的笑聲讓我冷靜,只差一秒我就要告白了。

「你叫我小昭吧,我朋友都這樣叫的。」

從班昭到小昭花了一週,從小昭到親愛的小昭不知道要多久,再從親愛的小昭變成老婆,變成孩子的娘……

「怎麼了嗎?」

「沒事,我在想一個跟咖啡有關的數學。」

「怎樣的數學呢?」

七十歲生日的那天,我們一起來計算,從相識到現在總共喝了幾杯咖啡好嗎?以一週 2 杯來估計,一年有 52 週,現在到七十歲還有 51 年,一共是 5304 杯咖啡。

「嗯?」

## 03 神明 Say No 的機率是 1/3

　　我得停止妄想，專注在眼前跟小昭的互動，不然我遲早會被她當成一個動不動放空，大二就得阿茲海默症的可憐人。如果哪一天我得了阿茲海默症，妳會照顧我嗎？

　　夠了！我拍了桌子，旁邊趴在桌上睡覺的傢伙被我嚇醒。

　　「假如早上妳泡了一杯熱咖啡，冰箱裡還有一杯冰牛奶，妳想在 10 分鐘後喝杯涼一點的咖啡。妳有兩個選擇，先把冰牛奶倒進咖啡裡，靜置 10 分鐘。或先放 10 分鐘後，再倒冰牛奶。妳會選哪一個？」

　　「我會選第二個，感覺比較冰。這跟數學有關嗎？」

　　「有噢，溫度是可以算出來的。」

　　我拿出筆，打算趁硬塞進腦海裡的數學公式還沒消失前，將它們轉印到紙上。

　　「小昭，妳幹嘛坐那麼前面啊？」

　　我轉頭一看，一位金髮、打扮時尚的女生往我們這邊看。

　　「欣好學姊！不好意思，下課你再解釋給我聽好嗎。」

　　小昭起身，往金髮女那走去。

　　「就說不要叫我學姊了。他誰啊……」

　　金髮女的聲音斷斷續續傳過來，我轉身面向黑板，才剛要進入主題就被打斷，我詛咒金髮女下回染髮失敗。這時，忽然有人拍了我一下。

　　「對了，我們好像還沒有加 LINE 哎。」

＊

　　「晚安，吃飽了嗎？」

超展開數學約會

第 100 次點開小昭 LINE 圖像後,我終於在晚上 8 點 13 分發訊息給小昭,對女大學生來說,這通常是介於剛吃飽到看日劇之間的空檔,回訊息的機率最高。

已讀。

雖然下午在咖啡廳的表現不錯,但那是幸運之神眷顧,不知道有沒有被小昭發現。我第一次聽見自己的心跳震動如此劇烈,耳膜都有點疼了。我擔心如果她不快回我,我的耳膜恐怕會被心跳震破。

「晚安~吃飽了,你呢?」

「我也吃飽了,剛跟朋友在學校附近吃。」

「現在⋯⋯」

我邊準備打出「現在正在看一本有趣的數學書」,邊瞥了一眼放在旁邊的《超展開數學教室》,我跟孝和借來看,裡面還有他自戀的簽名。

「這不是簽名,這是所有人的意思,就像拿到課本會寫自己名字一樣。」

他難得講話結巴。按照我的劇本,等等小昭會問「哪一本書啊?」我拍給她看,兩人立刻從文字對話進展到多媒體影音時代。人類通訊史從 2G 到 4G 走這條路可是走了快 10 年,我們不到 10 分鐘就完成。

「最近好想去廟裡拜拜(皺眉頭)。」

我還沒送出照片,小昭下一則訊息搶先過來。話題彷彿甩尾過了一道髮夾彎,被帶到另一個方向。

她在探聽我的宗教信仰嗎?我唯一的信仰就是妳啊!

「怎麼了嗎?」

# 03

神明 Say No 的機率是 1/3

「這兩週上課好吃力，有點擔心跟不上進度……」

「這種感覺我懂。」

我根本不懂，我只覺得走進教室很吃力，所以很少走進去。

「我想去拜拜，請神明保佑我不被當掉。」

「妳這麼認真，神明一定會保佑妳的（笑臉）。」

我不認真，神明不用保佑我課業沒關係，但我談戀愛很認真，請保佑我跟小昭修成正果。

「也是，神明人很好。去廟裡拜拜擲筊，神明大部分都會說『好』，只有 1/3 的機率會說『不好』。」

為什麼是 1/3？無數的問號像可樂裡的氣泡浮上來。

筊有凸平兩面，每次丟兩片：一凸一平是「聖筊」，表示神明說「好」；兩平是「笑筊」，表示神明說「再問一次」，要重擲；兩凸是「哭筊」，表示神明說「不好」。

4 種狀況裡有 1 種是哭筊，以機率來說不是 1/4 嗎？

手中傳來震動，小昭彷彿看到我困惑的神情，她解釋說

「因為有聖筊、笑筊、哭筊三種狀況，所以各自是 1/3，神明說不好的機率就是 1/3。」

是·這·樣·嗎！

我從高中架構起的機率世界崩塌了（或許不曾存在過）。

「擲筊的時候，哭筊機率是 1/3 嗎？」我丟訊息問孝和。

「對，你數學還不錯嘛，竟然沒說 1/4。」

我揉揉眼睛，確定自己沒眼花。

小昭的解釋很明顯有錯，雖然有 3 種狀況，可是每種狀況的出現機率不一樣。就像今天有一顆骰子，你把 1 點以外的其他五面都塗成 6 點，也不能因此說：「因為只有兩種狀況，所以 1 點跟 6 點

33

超展開數學約會

出現的機率各自是 1/2。」

但孝和說她是對的！？

我得先想清楚，我掰了個理由回應小昭。

「對啊，我手機快沒電了，晚點回妳噢（笑臉）。」

「路上小心～掰掰」

## 擲筊是無窮等比級數

我隨便找一張紙計算。假設擲出凸面與平面的機率各是 50%，這四種可能各自是 25%，不是 1/3 啊？

「可惡，沒有答案可以看。」

我碎碎唸了一句，想起「笑筊」要重擲。關鍵應該在這裡？

我用最簡單也是最麻煩的方法：用樹狀圖表示擲筊過程。

一直擲出笑筊，樹狀圖會無限延展下去，除非擲出哭筊或聖筊。

畫到超出紙的範圍，我停下來看，「第一次擲出哭筊」的機率是 1/4。同時也有 1/4 的機率是笑筊，進入第二輪。

「第二輪擲出哭筊」的機率是 $1/4 \times 1/4 = 1/16$。

共計兩輪內擲出哭筊的機率為 $1/4 + 1/16 = 5/16$。

第二輪再次擲出笑筊，得繼續擲下去。所以「在第三輪擲出哭筊的機率」是

（前兩輪都擲出笑筊的機率）×（第三輪擲出哭筊的機率）$=(1/4 \times 1/4) \times 1/4 = 1/64$。

同樣地，「在第四輪擲出哭筊的機率」是

（前三輪都擲出笑筊的機率）×（第三輪擲出哭筊的機率）$=(1/4 \times 1/4 \times 1/4) \times 1/4 = 1/256$。

前四輪內擲出哭筊的機率就是 1/4+1/16+1/64+1/256，我按計算機：0.332，已經很接近 1/3 了！

我甩甩手腕仔細看，這幾個數值有個規律：每次多 1/4。

這不是以前學的「無窮等比級數」嗎？！首項 $a_0$ 是 1/4（第一次擲出哭筊的機率），公比 r 是 1/4（擲出笑筊的機率），再利用高一上學期教的無窮等比級數和公式（一瞬間，我有種給自己上家教課的錯覺）：無窮等比級數和 = 首項 /(1- 公比)

擲出哭筊的最終機率（也就是第 1、2、3……N 次擲出哭筊機率的總和）為：

$$\frac{1/4}{1-1/4} = \frac{1}{3}$$

真的是 1/3！

但完全不是小昭講的原因！

我放下雙手一陣虛脫，看來小昭雖然喜歡數學，但數學不是很好。

## 兩片筊比一片筊更公平

「沒錯，就是這樣算的。」

孝和看完我拍給他的計算過程後，回了我這個訊息。他又補上一句：

「現在正在偽數青模式嗎？」

「機車，這是我自己親手算出來的。」

孝和丟了一個不知道從哪下載的意義不明表情符號，我猜意思應該接近「讚」。

「我的解釋方法是：笑筊要重擲，可以看成沒有這個結果。所以擲筊只有 3 種結果：兩種是聖筊，一種是哭筊。哭筊的機率就是 1/3。」

竟然又繞回了「三種狀況」的說法，但孝和的版本清楚簡單正確。

「附贈你另一個話題：為什麼筊要有兩片。」孝和繼續說。「我打給你。」

這也跟數學有關？

電話裡孝和說道：「你想想看，剛剛你假設每片筊出現凸面跟平面的機率各是 50%。但實際上各地製作的筊片規格不同，用久了筊片會變形。如果某間廟出現聖筊的機率比另一間廟高，會很困擾吧。」

我點點頭，才想起孝和看不到。

「對。」我趕緊回應。

「這就是兩片筊的用意。假如兩片筊凸面的機率都是 40%，只有一片筊的話，兩面的誤差高達 20%。可是兩片一起擲，第一輪就出現聖筊的機率是 2×60%×40%=48%，跟理想的 50% 只有 2% 的誤差。用你剛剛的公式去看，哭筊的最終機率是

$$\frac{0.4 \times 0.4}{1 - 0.6 \times 0.6} = 25\%$$

和正常筊杯擲出哭筊的機率 1/3 相比也只降低約 8%。」

「哎,好神奇。」

我有點訝異自己竟然說出這種話。魯迅在《狂人日記》裡說,他在古書的字縫裡看到滿滿的「吃人」兩個字。對孝和來說,生活的縫隙裡必然是滿滿的「數學」。托他的福,這是我第一次看見。

「我想一想,明天再來跟小昭講。」

我打了一個大大的呵欠,聽了那麼多數學,今晚一定可以睡很好。

# 04

# 行天宮裡的統計學家

「一個區域有好幾間廟,
其中有一兩間剛好有比較多的信徒願望都實現了。
信徒買了花籃來還願,廣為宣傳。
其他人看到,以為這間廟好像比較靈驗,消息傳出去後──」
「更多人來?」
「沒錯。當更多人來,你來廟裡會看到更多的花籃,更多的口耳相傳。
一間廟靈驗的程度是取決於人數 × 實現願望的機率。
當人數提高,看起來更靈驗,廟的名聲更遠傳,
來的人更多,人數再度增加,再更靈驗,形成正向回饋。」

幾年前行天宮取消了點香拜拜的儀式，跟印象中廟裡煙霧繚繞的模樣不一樣。

數青這麼理性，

也信宗教這一套嗎？

會啊，在西方中世紀，許多數學家也同時是神學家：例如帕斯卡。

「帕斯卡三角形」的帕斯卡？

帕斯卡還曾經用數學分析過信仰的必要性。

噢？

所謂的「帕斯卡的賭注」是：沒信仰的人，不付出也沒收穫，期望值為0。

證明了信仰的必要性。

「證明」這個詞聽起來超有說服力。我要學起來！

有信仰的人，付出不多，卻能回收到以期望值來說無限大的回饋，證明了信仰的必要性。

幹嘛重複我的話？

超展開數學約會

「上次踏進廟裡是多久以前了啊。」

我喃喃自語，跟在世杰後面。

「哎！不能踩門檻，用跨的。」

我抬高膝蓋跨過門檻，從剛剛起，世杰就不斷告誡我各種規矩，要從右邊進來，右邊是龍、左邊是虎。

「要躍龍門，出虎口。」

「為了跟小昭約會準備的？」

世杰露出被讚美的笑容，把我的吐嘈當作是肯定。我們在行天宮場勘，過幾天世杰要跟小昭來。他要我先陪他來看看廟裡有哪些數學話題。

幾年前行天宮取消了點香拜拜的儀式，跟印象中廟裡煙霧繚繞的模樣不一樣。

跨過門檻就是完全不一樣的世界，喧鬧聲被隔絕在門外，人們低頭祈禱，撥弄籤筒和筊杯落地的聲響彷彿也隔了層紗，聲音輕了些。

「數青這麼理性，也信宗教這一套嗎？」世杰問我。

「會啊，在中世紀，許多西方數學家也同時是神學家：帕斯卡、發明對數的納皮爾……」

「『帕斯卡三角形』的帕斯卡？」

我先是點點頭，但想了想還是忍不住補充：

「那不是他發明的，只是他在著作中提到，帕斯卡的名氣大，人們就這樣稱呼。巧的是中國也有類似的狀況。我們稱為楊輝三角形，但發明者是賈憲——」

我以前沒有這麼愛聊數學，自從世杰為了追小昭，想知道更多

數學知識,我這邊才好像有個開關被打開了。

原來和他人分享知識這麼有趣。

「帕斯卡還曾經用數學分析過信仰的必要性。」

「噢?」

世杰瞪大眼睛,他一定是想到「這個話題小昭一定有興趣」。我們雙手合十,跟著其他人一樣,朝外向天空拜了三拜。

「所謂的『帕斯卡的賭注』是:

沒信仰的人不會花時間禱告,如果沒有神明,他就沒賺沒賠。但若是有神明,他會受到懲罰,失去非常多。所以期望值是負的。

有信仰的人,每天付出一點時間禱告,雖然神明不一定存在,但只要有那麼一點點可能,得到神明眷顧的幸運是無限大的回饋。付出不多,卻能收到很大回饋。證明了信仰的必要性。」

「證明了信仰的必要性。」

「幹嘛重複我的話。」

「因為這種最後強調的口氣真棒,『證明』這個詞聽起來超有說服力。我要學起來。」

## 靈驗的廟,不一定真的靈驗

拜完天公,我們轉身來到關聖帝君像前,世杰低頭祈求,口中喃喃有詞。

「不要把關公當成月老來拜噢。」我提醒他。

世杰沒理睬我,又祈求了一兩分鐘。我注意到很多人在抽籤,

旁邊還有志工提醒大家不要把籤抽走，放在籤桶裡看是幾號就好。非常正確，少了一根籤的籤筒，樣本空間不同，會影響到抽籤結果。

「行天宮非常靈驗哎，難得來一次，當然要好好跟神明說清楚自己的願望。我跟祂說，下次我會帶一位女孩來，請神明保佑我們能夠在一起，我會好好照顧她，讓她遠離數學的夢魘，不然我會惡補得很痛苦。」

說到靈驗兩個字，我腦海裡閃過一件事，脫口而出。

「數學上還可以證明，靈驗的廟不一定是真的靈驗。」

一兩位志工往我們這裡看過來，我才意識到自己在廟裡。

我和世杰走到一旁的座位。

「正確來說，是就算沒有神明，還是會有某幾間廟被賦予靈驗的名聲。」

「我不懂，明明就是要比較靈驗，才會有比其他廟更多的信徒。」

「一個區域同時蓋了幾間廟，其中有一兩間廟剛好有比較多的信徒許願都實現了，以機率來說很合理吧。」

世杰點頭，我繼續解釋。

「這幾位信徒買了大大的花籃來還願，廣為宣傳。其他人看到了，以為這間廟好像真的比較靈驗，消息傳出去會怎樣？」

「更多人來？」

「沒錯，關鍵就在這裡。信徒人數N，隨機實現願望的機率是p，當更多人來，N增加，N×p增加，你來廟裡會看到更多的花籃，更多的口耳相傳這間廟有多靈驗。換句話說，一間廟靈驗的程度是取決於N×p，而非p。所以，當N提高，N×p增加。下一步又會──」

「廟的名聲更遠播，來的人更多，N再度增加，再度提升

N×p。變成一個正向的回饋系統。」

世杰接著我的話，他看起來很興奮，或許這些日子下來，他也更喜歡數學了吧。他繼續說：

「加上有信仰的人普遍善良，願望無法實現時也不會造口業抱怨不靈驗，實現就會滿心歡喜地宣傳。報喜不報憂的加持，會讓廟的名聲傳遞更快。好神奇！我一定要跟小昭分享，她會覺得我超厲害的。」

我收回前面的話，這人滿腦子只有追女生。

「去抽個籤好了，這是我對廟裡最感興趣的東西。」

## 寬慰人心的籤比例

「籤桶在另一邊，你要去哪裡啊？」

世杰從後面追上我，我沒拿籤，直接走到放籤詩的櫃子前。前幾天跟世杰聊擲筊的機率，聖筊機率是 2/3，比直覺的 1/2 高。我起先覺得有點怪，為什麼同意跟否定的機率不一樣。後來想到，宗教的本意是撫慰人心，來廟裡的人，往往徬徨需要幫助，如果這時再否定他們，那不是太打擊人了。

從實務面來說，這樣的廟恐怕也沒辦法順利營運下去。

既然筊是這樣，籤呢？

籤分成上等籤、中等籤，下等籤。雖然實際上分得更細，不過大致來說用這樣的三等級來看就好。我上網查，果然，通常下等籤比例比較少。

行天宮採用的是「關聖帝君百籤」，這次來我想親眼驗證一下，

我邊跟世杰解釋，邊快速抽出每個籤櫃，跟記憶裡的籤等比對。

「噢噢，第一次親眼看到傳說中比電腦還快的人腦。」

世杰在旁邊嚷嚷，一邊幫我從後面的籤櫃抽起，報出籤等級。所有的籤看完，我立刻算出：

「上、中、下三種等級的籤比例是 51%、26%、23%。」

「咦，差這麼多嗎？！」

世杰大喊，我們走出放籤詩的服務處，他嘆氣說：

「以前求到『中平』，還想說『嗯不好也不壞』。原來從比例來看，中平根本是後段班。還好你是在我求籤問跟小昭的狀況之前說的，這樣我不求了。」

「也不用這樣想啦，看你用什麼角度去解釋。」

「你也可以想成這是條件機率。雖然普世狀況可能是有 1/3 的人好運，1/3 的人普通，1/3 的人運氣很差。但是這跟『到廟裡拜拜』的人不一樣。」我試圖安慰他。

「你是說，丟骰子出現六點的機率是 1/6，但給定出偶數的情況下，出現六點的條件機率就是 1/3，這樣的條件機率嗎？」

「對，所以給定會到廟裡拜拜的人，可能都會受到神明的保佑，所以比較少人會走厄運。抽到中等籤不一定是安慰的話，說不定是真的運氣就那樣。」

「這麼溫暖一點都不像你。」

「我是在幫你想跟小昭約會的台詞。」

「對哎！我就先跟小昭解釋籤的等級分布不均勻，再用這個話來安慰她。話說回來，」世杰好奇地問，「你還沒回答我的問題，你說很多數學家也是神學家，帕斯卡用數學證明了信仰有益，你用數學推理出不靈驗的廟，也會可能看起來靈驗。那你自己到底信不

信？」

　　我眼睛向上看，思考了幾秒回答，「我不排斥相信，因為我剛剛只是證明就算不靈驗，也可以看起來靈驗。但我沒有證明出真的不靈驗。」

　　「不會迷信，但也不會迷不信，是嗎？」

　　世杰伸了個懶腰，用輕鬆的口吻結束這個話題。我們從廟的左側虎口出去，周遭的喧鬧聲像等待很久了，一股腦朝我們撲過來。一位弓著腰的阿婆走來向我們兜售拜拜的蘭花，世杰掏口袋跟她買了一束。

*

　　隔天，我收到世杰的訊息。

　　「我想改跟小昭去龍山寺。」

　　「為什麼？」

　　「龍山寺三種籤的比例是 47%、27%、1%，還有 25% 的籤沒有標註等級。只有一張下等籤，超不容易抽到的。再怎麼說，我還是希望小昭不要抽到壞籤。」

　　「體貼的偽數青。」

　　我送出幾個字，然後想起一則新聞，打了關鍵字搜尋，果然沒錯——

　　日本恐怖漫畫家伊藤潤二，他參訪台灣龍山寺時曾抽到下等籤，1% 的機率，全廟唯一的一支下等籤。

　　是恐怖漫畫畫太多的影響嗎？

# 05

# 排唸書進度也需要數學？

「唸書就是時間管理。在國高中，課業有一定的範圍，
而唸書是最重要的事，但又想玩，所以得用最少時間，學懂該學的知識。
這是一個最佳化問題，目標是時間，限制是所有要唸的書；
上大學後，唸書是眾多事情的其中一項。
唸書目標轉變成：在一定的時間內，唸完最多書。」
「差別在哪？」
「不一樣的最佳化目標，現在最佳化的是吸收的知識量，時間變成限制。
大學以前唸不完不敢睡覺，現在是最多唸到十二點，唸多少算多少。」

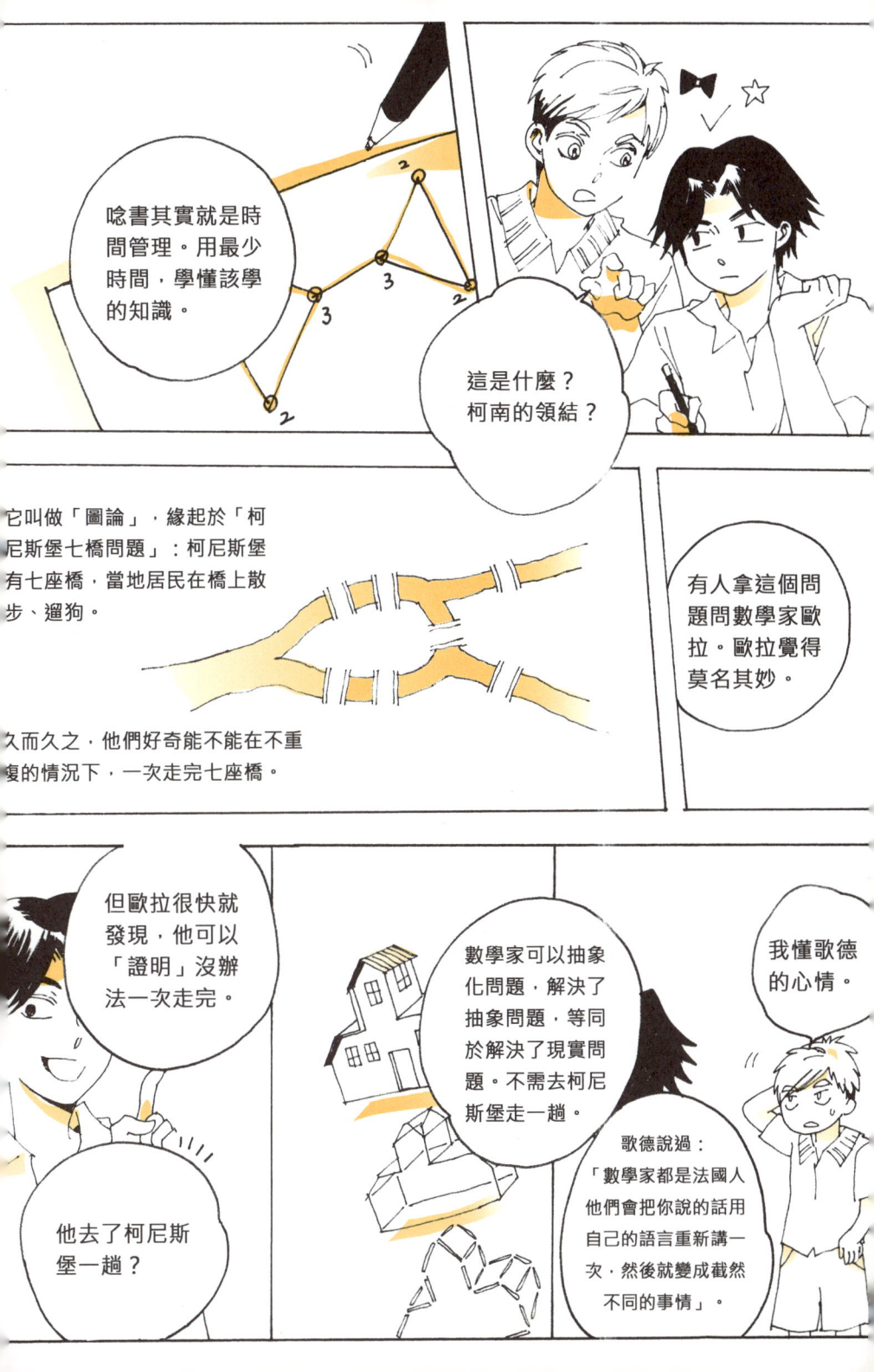

唸書其實就是時間管理。用最少時間,學懂該學的知識。

這是什麼?柯南的領結?

它叫做「圖論」,緣起於「柯尼斯堡七橋問題」:柯尼斯堡有七座橋,當地居民在橋上散步、遛狗。

有人拿這個問題問數學家歐拉。歐拉覺得莫名其妙。

久而久之,他們好奇能不能在不重複的情況下,一次走完七座橋。

但歐拉很快就發現,他可以「證明」沒辦法一次走完。

他去了柯尼斯堡一趟?

數學家可以抽象化問題,解決了抽象問題,等同於解決了現實問題。不需去柯尼斯堡走一趟。

我懂歌德的心情。

歌德說過:「數學家都是法國人他們會把你說的話用自己的語言重新講一次,然後就變成截然不同的事情」。

超展開數學約會

「晚安，在幹嘛呢？」
「下週要考試了，都唸不完。」
我抬頭看螢幕，遊戲「正在讀取中」的長條圖走到 3/4，心裡閃過一絲罪惡感。
「我也正要準備唸書。」
我沒說謊，準備再打五場，三小時後唸書。
開始和小昭用 LINE 聊天後，我發現她很認真，每天都在唸書。如果是別人，我早就虧她「今天有去安親班嗎？」、「不，我不是說打工，是說你去上安親班，繳學費的那方。」
但小昭只會讓我自慚形穢，她好上進，我好糜爛，連反省也是在遊戲讀取的空檔。

遊戲開始，MathKing 跟我走同一條路線，那是孝和的帳號。
「她每天都用唸書當藉口來拒絕你嗎？」
「我還沒約！」
我點擊滑鼠，對一隻小兵用了絕招，小兵被炸得四分五裂。
「心虛就算了，不要浪費魔法點數。」

「該怎麼幫助小昭唸書更有效率啊？」
我們在系上的電腦教室。雖然可以在家玩，但坐在旁邊並肩作戰的感覺還是比較好，照我剛剛跟小昭的說法是——留在系上唸書。
「她沒有接著說『改天可以一起唸』……」
孝和盯著螢幕的臉上露出「怎麼可能」的表情。
「用網路聊天很開心，但人與人深交還是需要見面啊，就像我們要坐在一起打電動。」我嘆了口氣說。

「我們只是說垃圾話比較方便。你們也說垃圾話？」

「我們說情話！見面才能看見表情，知道她說話的時候是微笑、大笑，還是嬌羞。見面才能聽見聲音，知道她的語氣是輕快的，還是不帶情感，又或是害羞。」

「你有病，一直希望對方嬌羞害羞。」

我用連續技解決掉敵人，繼續說。

「見面才能看見整個人，她的手托腮嗎，還是放在桌上？腿上？我的手上？」

「這是發花癡，不是在講見面的意義了吧。見面的確有意義，有更多資訊，就能更了解對方的心思。」

孝和從旁邊突襲，發動範圍技，我們少打多，解決掉三個對手。

「被你說得好像在測謊。」

大概是從我遊戲人物的步伐中看出了沮喪，孝和自以為不著痕跡地安慰我。

「或許她唸書得專心一個人吧。」

「你也這麼覺得嗎！？」

「我們是不是這麼覺得不重要，而是只能這麼覺得。畢竟就算這真的是藉口，你也不能怎樣。哎專心一點！」

我的弓箭手角色在會戰時走到最前線，連一發箭都沒射出就領便當了。孝和對盯著螢幕發呆的我嘆了口氣，說：「不要只會打順手球啊，你應該用數學來一場大逆轉。」

## 數學唸書術

「唸書其實就是時間管理。大學以前的課業有範圍。作為第一

順位，唸書的目標是：用最少時間，學懂該學的知識。得趕快唸完才能去玩。這是一個最佳化問題，目標是時間，限制是要唸的書。」

孝和跟我拉了兩張椅子坐在印表機旁，他繼續說。

「大學後，唸書變成眾多事情的其中一項，範圍又不像高中那麼固定。所以唸書目標轉變成：在一定的時間內，盡可能唸完最多書。」

「差別在哪？」

這不是同一件事的換句話說嗎？

「最佳化問題改變了，要最佳化的是吸收的知識量，限制是一定的時間。大學以前唸不完就不敢睡覺，現在是最多唸到十二點，唸多少算多少。」

孝和從印表機裡拿出一張紙，在背後寫上了

高中：
minimize 唸書時間，
subject to 要唸的書 ≥ 考試範圍

大學：
maximize 要唸的書，
subject to 唸書時間 ≤ X小時

「subject to 後面接的就是限制，要滿足這個限制條件。這稱為『受限的最佳化』（constrained optimization），這兩個問題差別在於，最佳化的目標跟限制式剛好對調——」

## 05 排唸書進度也需要數學？

有人遊戲輸掉罵了一聲髒話，孝和被打斷，像當機一樣停了幾秒，接著說：

「給定時間內最有效率的唸書方法，我的經驗是『不同性質的科目交替唸』，才不會因為一直算數學而彈性疲乏。」

「你應該只想唸數學吧。」我盯著孝和諷刺地說。

「如果其他科有數學的一半有趣，我會考慮多喜歡它們一點。」

「竟然對數學做這種噁心的告白⋯⋯很好，我要學起來。但我的話是喜歡一次唸完同性質的科目。」

孝和點頭。

「每個人唸書習慣不同，但我們都同意，存在一種最適合自己的唸書順序。現在，假設一位同學有七科要唸：物理、數學、化學、國文、歷史、地理、英文。他的唸書習慣是──

數學前後要接物理跟化學；

物理前後是化學、數學，不過物理有很多應用題，所以也可以接著國文唸；

化學跟物理類似，前後可以是數學、國文、物理；

國文前後是物理、化學，也可以是歷史、地理；

歷史跟地理、國文接著唸，有外國史所以也能接著英文；

地理跟歷史類似，前後可以接歷史、國文、英文；

英文則只能接在歷史、地理之間唸。」

「有要求這麼多的嗎！又不是挑食，唸書還有這麼多規矩，在唸書之前他可能得先花上一倍的時間擬定唸書計畫吧。」

我不以為然,孝和在我埋怨的同時低頭畫了一張圖:

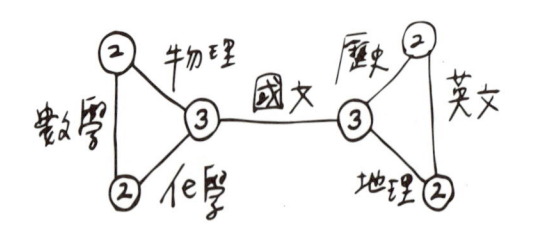

（圖：數學2—物理3—國文—歷史3—英文2，化學2，地理2）

「柯南的領結?」
「它叫做『圖論』,是用來表示關聯性的一門數學。」
孝和的數青模式要啟動了。
「圖論緣起於『柯尼斯堡七橋問題』(Seven Bridges of Königsberg):柯尼斯堡有七座橋,當地居民在橋上散步、遛狗,久而久之,他們好奇能不能在不重複的情況下,一次走完七座橋。」
我又盯著孝和看。他噴了一聲說:
「不信的話自己上網查。有人拿這個問題問數學家歐拉(L. Euler)。歐拉覺得莫名其妙,他沒去過柯尼斯堡,這也不是數學問題,幹嘛問他。」
「就算是數學問題,我還是覺得莫名其妙。」
「但歐拉很快就發現,他可以『證明沒辦法一次走完』。」
「他去了柯尼斯堡一趟?」
孝和不以為然地冷笑了一聲。
「數學家可以抽象化問題,解決抽象問題,等同於解決了現實問題,根本不需要去柯尼斯堡走一趟。」
「我要是柯尼斯堡鄉民,才不會信一個連走都沒走過的人。」

「真相的存在,並非取決於人們是否相信。」

「再加個風景照,弄個字體,就可以把這句話做成長輩圖了。」

我虧孝和,視線回到他畫的圖,每條線段旁邊寫著科目,線段跟線段的交點標上數字。再仔細看,數字剛好是點所連結的線段數目。孝和的聲音從旁邊傳來。

「這個數字稱為度數(degree),歐拉從柯尼斯堡七橋問題發展出圖論這套用點跟線來分析現象的數學領域。在柯尼斯堡七橋問題裡,每一座橋就是一條線。在我們這邊,一個科目就是一條線。線段間的連結則是根據唸書規畫。剛剛的例子是數學要跟物理或化學接著唸,所以你看數學的線段就和跟物理、化學連接。」

我有點意外,兩件完全不同的事情,被數學抽象化之後竟然是相同的。

「德國作家歌德說過:『數學家都是法國人,他們會把你說的話用自己的語言重新講一次,然後就變成截然不同的事情。』」

「我懂歌德的心情。」

「歌德少說了一件事,數學家可以把不同表象的事物,歸納成同一件事情,就像這個例子。所以數學家只要發明一套解決方法,就可以同時解決很多問題。在這邊,歐拉發現想要一次走完全部的線段,最多只能有2個點的度數是奇數。超過了,就無法一次走完。」

「規則這麼簡單?」

「還有,奇數點要做為起點。」

我低頭,這張圖只有兩個點的度數是3,其他都是偶數。我伸出食指,從左邊的3出發,物理→數學→化學→國文→地理→英文→歷史,哎,還真的繞完了。但如果改成從左上的2出發,數學→化學→物理,卡住了。

「為什麼啊？」

我發問，孝和用問句回答我

「度數是 1 的點會發生什麼事？」

「走進去就出不來了。」

「度數是 2 的點？」

「可以直接穿過去，有進有出。」

「度數是 3 呢？」

我懂了，度數 3 是一進一出，會用掉兩條線，然後就變成了度數是 1 的點。

「起點是『離開不回來』，終點是『進去不出來』，所以可以用度數為奇數的點。其他點就不行。」

「不錯，你這樣跟小昭解釋，她應該就懂了。」

孝和補充：

「不過要注意，一種敘述可以畫出好幾種不同的圖。」

他拿起筆畫了另一種圖。

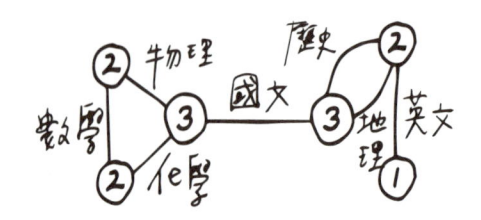

「像這個同學的唸書習慣也可以畫成這樣，但如此一來奇數點太多，就無法一筆畫走完。簡單地說，敘述跟圖不是一對一（one to one），而是一對多，或是多對多……」

這根本不叫「簡單地說」，我忽略孝和的聲音，趁著圖論的知識還沒忘光光，趕快拿出手機傳訊息給小昭。

# 06

## 捷運車廂裡的房地產

「『得到座位』是個排序問題,某個排名以內的人可以擁有座位。
目前是依照上車的先後順序排序。
當座位滿了,再變成用『距離座位遠近』來排序。」
世杰搖搖手指。
「愛搶座位的阿伯大嬸,距離多遠都會衝過來。」
「沒錯,『羞恥心』也是一種排序的準則。
為了照顧弱勢族群,我們還有讓座機制,將他們放入優先順位。」
「資本主義社會難道不能『買』位子嗎?」
「有,商務車廂。」

先上車的？

就說「讓位」吧。你覺得座位一般是誰優先坐？

沒錯，「得到座位」是排序問題，某個排名內的人可以擁有座位。

目前是依照上車的先後順序排序。當座位滿了，再變成用「距離座位遠近」來排序。

愛搶座位的大嬸，距離多遠都會衝過來。

座位跟數學有什麼關係？

「羞恥心」也是一個排序的準則。

商務艙就是用金錢來修改擁有座位的順序。

你通常看到需要幫助的人會讓座，

但今天真的想休息一下，這時候你該挑哪個座位？

博愛座的L型座位，最裡面的位置？

為什麼？

男人的直覺？

把那種奇怪的東西收起來。

十月初,太陽絲毫沒有鬆懈的跡象,騎腳踏車吹過臉頰的風都是熱的。

我跟世杰一起搭捷運去打工,月台上,我問他先前和小昭在咖啡廳做數學實驗的結果。

「真的是先放一陣子,再倒冰牛奶會比較涼。」

「是吼。」

我點點頭,一切照計畫進行。通常實驗很容易有誤差,想百分之百讓實驗成功,機率是非常低的,因為有太多如杯子材質、輻射散熱等等因素沒考慮到。數學家 Von Neumann 曾說過:「If people do not believe that mathematics is simple, it is only because they do not realize how complicated life is。」翻譯成中文意思是「人們以為數學很困難,那是因為他們不知道生活有多複雜」。用個老派的比喻就是──冰山。

我們在海上,遠遠看到一座冰山,拿出名為數學的高倍率望遠鏡,把一切細節都看得很清楚。高倍率望遠鏡操作很複雜,有些人因此討厭數學,覺得困難、不好用,用肉眼看就夠了。

錯了,沒用數學時的清楚只是「感覺上好像很清楚」,根本無法捕捉細節。

而且就算有了數學,能看到的也只是浮在海面上的一部分,真正的生活,遠比數學所能體現的還要再多上許多。5 歲小孩就能泡咖啡,但我們得等到大學才能描述咖啡加牛奶的溫度變化過程,距離精確描述「泡咖啡」的完整過程,還有很大的一段距離。

為了確保世杰能得到正確結果,我還先跑了一趟雪克屋,費了一番功夫準備前置作業。

# 06
### 捷運車廂裡的房地產

## 兩分鐘以內的捷運座位數學

走進捷運車廂,身上的熱氣被瞬間抽走,我跟世杰找到座位,他的話題依然環繞著小昭。

「你知道東野圭吾嗎?」我打斷他。

「推理小說作家?」

「理工背景的他曾說過,理工話題很受歡迎,只要你能在兩分鐘以內講完,且讓大家都能理解。像你這樣還把微分方程列出來,也太為難人了吧?」

世杰用奇怪的眼神看我。

「你在說什麼?她可是說出『想要吃 $1:2:\sqrt{3}$ 直角三明治』的女生哎。」

「也是,我忘了。」

差點就說出祕密了。

車門打開,一位老先生攙扶著老太太走了進來。

「您請坐。」

世杰跟我站起來,他們彎著腰連聲道謝,

「現在年輕人都好有禮貌。」

「沒有沒有,我們比較特別。」世杰揮揮手說。

老夫妻花了幾秒弄清楚世杰在說笑,才笑著不停道謝。他們坐下來後,世杰又回到方才的話題。

「東野圭吾說的也有道理,每次都要講那麼久那麼深的數學,對我來說太難了,背不起來。」

完全搞錯方向了吧。人與人溝通真是充滿意外。他繼續說,

「你表演一下吧，兩分鐘以內的數學。」

坐著的老夫妻，手自然地牽在一起，散發一股淡靜的浪漫。靈感從他們的身上浮起。

「就說『讓位』吧。你覺得座位一般是誰優先坐？」

「先上車的。」

「沒錯，『得到座位』是個排序問題，某個排名以內的人可以擁有座位。目前是依照上車的先後順序排序。當座位滿了，再變成用『距離座位遠近』來排序。」

世杰搖搖手指。

「愛搶座位的阿伯大嬸，距離多遠都會衝過來。」

「沒錯，『羞恥心』也是一個排序的準則。為了照顧弱勢族群，我們還有讓座機制，能將他們優先放入前面的順位。把這些因素都考慮進去，工程師就能寫程式，模擬在捷運上乘客坐座位的狀況了。」

我想起一位跟捷運關係緊密的朋友賴皮（請參考書末外傳〈捷運地下委員會〉），他每天都在捷運上度過，說不定會有更細緻的觀察。

「這樣一講，忽然想到我們是資本主義社會，難道不能『買』位子嗎？」

「在捷運裡沒有，但別的地方有——商務車廂。官方說法是位子比較寬敞，服務比較好。可其實商務車廂就是用錢買座位的機制。」

世杰喃喃自語「的確是這樣」，抬頭問我：「很有趣，但跟數學有什麼關係？」

「這算是分析，剛剛只是先用比較數學的口語方式去描述，開

# 06

### 捷運車廂裡的房地產

始深入分析後,就需要用到數字了。」

世杰臉上的表情告訴我他不太能認同。我指著旁邊的座位說:

「我換一個說法。假如你很累,車廂裡全部座位都是空的,但下一站就會瞬間被坐滿。你很善良,看到需要幫助的人會讓座,但你今天真的想好好休息一下,這時候你該挑哪個座位,才會最不容易讓座?」

「不能裝睡嗎?」

我賞了世杰一個白眼。他左右張望,盯著車廂裡的廣告思考,過一站後,他用不確定的口吻回答:

「有博愛座的 L 型座位,非博愛座的那側裡面那個位置?」

標準答案。

「為什麼?」我問道。

「男人的直覺。」

「把那種奇怪的東西收起來。『讓座』的優先順序取決於『距離需要幫助的人有多近』,三個一排的座位,每個前面都可以站人,距離門又近,上下車方便。很容易會有需要幫助的人站在你前面。」

世杰點點頭,我手指向另一邊的 L 型座位。

「L 型最裡面的位置距離門口比較遠,又沒有直接站在旁邊的空間。」

「噢!我知道為什麼我直覺選有博愛座的 L 型座位了。需要讓座的人上車後,理性上他知道博愛座的乘客不會讓座,所以會去另一側沒有博愛座的 L 型座位,增加自己被讓座的機率。天啊,我的直覺強到邏輯思考都慢半拍。」

「因為你的邏輯思考太弱了。」

世杰不在意我的吐嘈,嘆了口氣說:「這個不錯,可是太炫技

61

了。」

「炫技？」

「你已經把數學內化到任何事情都能用數學的角度思考，嗯，或是只能用數學來思考。但我不是，很難隨機發揮，硬背的話，小昭追問我也接不下去。」世杰自問自答，「有沒有再更親民一點，像咖啡跟牛頓冷卻定律一樣，可以背得很完整的經典捷運數學啊？這樣下次我跟小昭搭捷運約會時就能派上用場。」

被他這麼一問，我想起一個經典的數學。

## 電扶梯上盡量不要動

「當今全世界最聰明的數學家陶哲軒（Terrence Tao）曾經問過一個問題，切確的內容我忘了，大致上是：你進捷運站後遇見了小昭——」

「我會去跟她求婚。」

我翻了個白眼。

「假設你們還不認識。她上電扶梯後沒有靠右側，在左側一路往上走。你像個變態一樣跟在後面。」

「我的愛濃郁到看起來像變態了嗎？」

「隨你。現在，另一個平行時空：她一進捷運站後，感受到背後有你的變態視線，用正常的兩倍速度快走。你也加快腳步跟在後面。一上電扶梯，卻被大嬸擋住無法前進。」

「大嬸幹得好！」

我嘆了口氣，不懂他為什麼投入成這樣。

「假設捷運刷票口到電扶梯的距離，以及電扶梯的全長都是20

公尺。你的秒速與電扶梯的速度則都是 1 公尺／秒。剛才這兩個狀況，你覺得效率上是否完全相同呢？」

「這是小學數學吧。地表最強數學家問的？」世杰用不屑的語氣回答。

「第一個狀況，刷票口到電扶梯走了 20/1=20 秒，在電扶梯上則花了 20/(1+1)=10 秒。一共是 30 秒。第二個狀況則是刷票口到電扶梯花了 20/2=10 秒，在電扶梯上不能動，整整花了 20/1=20 秒，一樣也是共 30 秒。從結果來看沒有差別。可惡，這種回答一聽就知道自己中計了。」

我用鼻子發出笑聲，世杰說得沒錯，他的邏輯正是大多數人會第一時間想到的：在時間上完全一樣。

但不代表「行走距離」上一樣。

我回答他：「第一個狀況，你從刷票口到電扶梯走了 20 公尺。電扶梯上你花了 10 秒，所以是又走了 10 公尺，一共走 30 公尺。第二個狀況呢？」

「刷票口到電扶梯一樣走了 20 公尺，但是在電扶梯上沒有移動，所以總共只走 20 公尺。嗯？同樣時間，卻少了……10 公尺？」

我點點頭。

「對啊，因為第一個狀況在電扶梯上行走，變相『減少了待在電扶梯上的時間』，你每停留在電扶梯上 1 秒，電扶梯會推你往前 1 公尺。」

我說出結論，「從這個角度來看，在電扶梯上走路是沒效率的行為，浪費電扶梯的效益。趕時間的人另當別論，他們願意犧牲一切只為了縮短移動時間。只是，如果體力有限，要挑時間休息的話，跑到電扶梯上休息是比較明智的作法。」

「好強噢,連我都會覺得聽完後有收穫哎。超級生活化而且,」世杰低頭看手錶,「好吧,花了超過兩分鐘。東野圭吾會說你不合格。不過小昭一定會喜歡的。」

「你是不是要下車了啊。」

我提醒還沉浸在學到新話題的世杰。

「噢,對哎。掰啦～週末你有要幹嘛再跟我說,不然就週一見啦。」

世杰頭也不回地跟我道別,他一腳踏出車門,我抓準時機說:「下週末跟小昭她們系聯誼吧。」

「嘎?!聯誼?」

車門隨著音樂闔起,世杰的臉消失在後方。

# 第二部

## 勁敵！
## 籃球男現身

# 07

# 聯誼中的二分圖配對

「有辦法讓我跟小昭配對嗎?」
「小明跟哥哥跑 400 公尺操場,小明順時鐘跑,
跑速每秒 6 公尺,哥哥逆時鐘跑,跑速每秒 4 公尺。
請問兩人前三次相遇,各自是在幾秒?」
「第一次相遇,等於是兩個人一左一右,總共跑 400 公尺。
速度相加再除以操場 400 公尺,400/(4+6)=40。
後面依此類推,每 40 秒就會相遇一次。問這個幹嘛?」
雖然是國小數學,但這麼快就解出來我還是挺得意的。
只是現在不是算數學的時候了吧?

今天的聯誼希望大家今天玩得開心~
記得把問卷交回來給我們噢！
天每個 聽話， 也都笑
欸
哪有，我們是在配合遊戲。
刺中
啊...對不起！我不是這個意思...
帥哥！
哈囉，你們在這邊幹嘛？小昭也在哎~
欣妤這是妳男朋友嗎？
我怎麼可能跟這麼沒品味的男生在一起！
這樣說太過分了，你要跟那些女生道歉。
那我要跟小昭道歉嗎？
學姊今天怎麼一直亂說話，學長只有教我很多數學知識而已！
再度刺中

超展開數學約會

「我喜歡看書,一個男孩和一個女孩的愛得死去活來的那種。」

「像《紅樓夢》嗎?」

「不對,那是一個男孩跟十二個女孩。」

我摸摸鼻子,早知道剛剛就說《格雷的五十道陰影》。

「像是《小美人魚》。」

「那是愛得死去活來的書嗎?」

「當然,公主童話都是。」

如果把「對話」比喻成一個人,我和這位女同學之間的對話就是躺在加護病房,即將宣告不治的患者。我邊聽她解釋《小美人魚》的戀愛劇情,邊望著小昭的背影。和她聊天的是我同學,本學期重修微積分。所以我不太擔心小昭會在 5 分鐘的「認識彼此」愛上他。

「時間到了,我們重新分隊噢。」

小昭的朋友欣妤(就是那位金髮女)向大家宣布。

我們回到草地上。男女分開,圍成了兩個同心圓,女生在內圈,小昭站在我面前。

「剛剛好玩嗎?」

「我學到《小美人魚》是愛情小說。」

「她是我們系花噢,很可愛吧。」

女生常說別人很可愛,但那通常是指個性,跟男生口中的可愛是不同的意義。

「等等音樂開始,男生順時鐘走,女生逆時鐘走。音樂停止時站在誰的前面,就是跟誰一組。孝和準備下音樂。」欣妤站在圈圈中間說。

為了公平起見背對著眾人播放音樂的孝和點點頭。

「你看過《永遠的零》這部小說嗎?」我故意提高音量跟旁邊

68

的同學說。

「嘎？」他皺眉頭，不懂我為什麼忽然冒出這句話。

幾十秒後音樂停止，我站在小昭背後。準備迎接她轉身。

## 一定能跟小昭配對的策略（昨天）

「一開始會倆倆配對認識彼此，三輪後最後一次的配對，就是今天一整天的搭擋。」

孝和跟我在雪客屋裡開作戰會議。根據他從高中同學欣妤打聽到的，配對方式是男女圍成同心的兩個圈圈，反方向移動，隨機停止。

「有辦法讓我跟小昭在最後一次配對在一起嗎？」

「小明跟哥哥跑 400 公尺操場，小明順時鐘跑，跑速每秒 6 公尺，哥哥逆時鐘跑，跑速每秒 4 公尺。請問兩人前三次相遇，各自是在幾秒？」

「第一次相遇，等於是兩個人一左一右，總共跑了 400 公尺。所以可以把速度加起來再除以操場 400 公尺，400/(4+6)=40。後面也依此類推，每 40 秒就會相遇一次。問這個幹嘛？」

雖然是國小數學，但這麼快就解出來我還是挺得意的。只是現在不是算數學的時候了吧。

「你數學真的不太好哎。」

「我算錯了嗎！？」

「沒有。」

「那你怎麼可以說我數學不好。」

「懂得解題是計算好，又不是數學好。」

超展開數學約會

孝和話停在一半，又看了看我，像是老師在給口試學生最後的補充機會，幾秒後他說：

「算了，我去主動幫忙放音樂。我會先用前兩次的結果來觀察男女生的速度。最後一次，你只要記得告訴我，你和小昭之間差了幾個人。我再來控制時間，就能讓你們站在一起。」

我這才知道孝和剛剛說我數學不好的意思。

我以前看到這種反方向跑步的題目，都覺得是世界上最脫節的應用題，「應用」兩個字是反諷法吧。

沒想到這道數學應用題成了幫助我跟小昭聯誼配對的關鍵。

我們約好小昭在我前面就是 0，跟門牌號碼一樣，右手邊是單號，左邊是雙號。我去找了一堆書做為密碼：《永遠的零》、《享受吧！一個人的旅行》、《雙城記》、《三國演義》、《四喜憂國》……

## 從天堂掉到地獄

「請多多指教。」

小昭笑著，刻意跟我鞠躬問候。我用眼神向孝和道謝，他一臉理所當然的模樣，欣好來回看著我跟孝和，她察覺出我們做了些什麼，卻又不知道是怎麼辦到的。

「好巧噢。」

「對啊。」

我忍住沒說「這是數學的功勞」，緣分跟數學做抉擇，多數人還是會選前者吧。

接下來是我人生中最美好的一天：我們兩人三腳跑了 100 公尺

## 07 聯誼中的二分圖配對

（可以的話我想跑馬拉松），從麵粉堆裡吹出乒乓球（我希望那是鉛球），玩到一半我想起據說人與人之間平常是保持 1.2 公尺的距離，感情好一些，會拉近到 45 公分以內。12 公分以內就是所謂的親密距離，如果感情不到的兩人距離太近，會產生排斥感，下意識再度拉開距離。

現在差不多是 45 公分，我吸了口氣，稍微挪動身子往小昭靠去。
「你會口渴嗎？我有帶水。」她撇過頭來看我。
「噢，不會不會。」

就在我慶幸小昭沒嫌我靠太近的同時，下一秒，她也微微往我這邊靠過來。

我幸福得快死掉了。

小昭在某次遊戲需要猜拳時建議除了剪刀石頭布之外再加上「史巴克」跟「蜥蜴」，跟我分析平手的機率。我在玩一個叫做「竹筍竹筍蹦蹦出」的團康遊戲時，跟小昭鉅細靡遺介紹了裡面的數學原理，以及最佳的遊戲策略，在聯誼中快樂聊數學，這是我跟小昭的專屬活動。

當然，數學內容是昨天開作戰會議時孝和教我的。

「希望大家今天玩得開心～記得把問卷交回來給我們噢。」

夕陽反射在醉月湖的漣漪上。我、孝和、小昭跟欣妤留下來收拾場地。明明是提議要辦聯誼的人，欣妤今天卻沒下場。

「不是妳想聯誼的嗎？」
「我不想聯誼，只想指使人，你們今天每個人都好聽話，被懲罰也都笑嘻嘻的。」

欣妤笑得邪惡，小昭臉都紅了。

「哪有，我們是在配合遊戲。啊……對不起，我不是這個意思。」

後面這句話是對我說的，我揮揮手裝作沒事。

「等等找個地方一起看問卷吧。」欣妤繼續加碼，揮揮手上的一疊紙。

遊戲最後，欣妤不准大家留聯絡方式，只讓女生填問卷，寫下今天印象最好的三位異性名字，她再來配對。最後，一個人只會拿到另外一個人的聯絡方式。我跟小昭一定有互選，只是問題在於，我們各自還有兩個欄位，如果同時那兩個人也有選到我們，就有可能被配對到別人。

該想辦法避免這個狀況發生。

我望向孝和，打算問他該怎麼辦。孝和看著另一個方向，我沿著他的視線看，一個穿球衣的男生，比我高半個頭，臉上掛著燦爛的微笑，是那種會迷昏女孩子的微笑。他往我們這邊走過來，對欣妤打招呼。

「哈囉，你們在這邊幹嘛？小昭也在哎～」

小昭和他揮揮手，男性本能發出前所未有的高度警戒鈴聲，我假裝沒事試探。

「欣妤這是妳男朋友嗎？」

所有人轉頭看著我不說話，然後一起發出爆笑的聲響。

「哈哈哈，我怎麼可能會是欣妤的男朋友。你這樣講我等等被積木殺死。」

「我怎麼可能跟這麼沒品味的男生在一起！」

「這樣說太過分了，妳要跟那些女生道歉。」

籃球男手一揮，我彷彿真的看見了眾多女粉絲。

# 07 聯誼中的二分圖配對

「我要跟小昭道歉嗎～」欣好說完，繞到了小昭背後，雙手放在她肩上，小昭連忙躲開。

「學姊今天怎麼一直亂說話，學長只有教我很多數學知識而已！」

我的心沉到谷底，長得又帥，數學又好。籃球男和幾分鐘前的我一樣，用笑容回應小昭的否認。同樣是笑容，我和他就像路邊攤跟百貨公司專櫃的差別。

「這疊紙是什麼啊？」籃球男指著欣好手上的問卷說。

欣好解釋完互選的規則後，他歪頭想了想回答：「用二分圖的方法來配對，應該就可以找到答案了。」

籃球男走到一旁的泥土地，用腳在地上畫了兩排圓圈。

他指著我說，「靠近我的這排是男生，另一排是女生。假如你是這個圓。」

「啊？」

「你選了這三位女孩子。其中有一位是小昭。就假設是這個圈圈吧。」

他一連串講起來，我來不及反應，籃球男繼續往下說。

「小昭也選了三位男生～選了誰呢？」

「忘記了，不要問我。」

小昭害羞地說。籃球男笑得很開心，從代表小昭的圈圈拉了兩條線出去，然後再重畫了一次我跟小昭的連線。

「假如你們有互選──」

「一定有。」

我小聲說。

「你說什麼？」

超展開數學約會

「沒事。」

「假如你們有互選，你們這條線就會有比較高的權重，是 2 分。把所有人的問卷都整理成這樣的形式。在圖論中這就叫做二分圖。點分成兩群，每一群都只跟另一群裡的點有連線，自己群內的點都不會有關係。」

籃球男很流暢地講解著，好像在聽另一個孝和上數學課一樣。難怪小昭會請教他數學。他們是怎麼認識的呢？

「畫好之後，有很多方法可以解出『配對』的問題。配對的意思就是，要讓兩個有連線的點為一組，把所有的點都分組，同時還要考慮當雙方互選時，連線權重更高，要優先分成一組。所以可以先去看這種高權重的線，把對應的點配起來。」

他用腳尖繞了一個大圈圈，把我跟小昭的點連起來。

「**假如**他們有互選的情況下。」

欣好在「假如」這兩個字上放了重音。籃球男繼續說。

「他們就是一組，我們就可以把他們排除在這個配對問題之外，繼續去看其他人，一直這樣做下去就能解答了。」

「學長好厲害噢。」小昭露出欽佩的眼神。

我嘗試想扳回一城地問：「這也算數學嗎？」

「算噢，它是一個很有邏輯、很清楚的表示方法。把人用點來表示，選擇用線來表示。互選還有加分。將一個現實問題用抽象的符號表示，是數學中很重要的建模。」

我轉頭向孝和求救，他聳聳肩無可奈何。舉起拇指肯定籃球男的答案。

我看著地上的圖，代表小昭的點旁邊剛好放著籃球男帶的籃球。比起跟代表我的點，他們兩個靠得好近。

# 08

# 世杰與阿叉的勝負表格

「唉～」
世杰在半小時內第 26 次嘆氣，每嘆一口氣，
他的肩膀就往內縮一些，整個人變小，
現在的樣子差不多跟練瑜珈的印度人一樣，
可以裝進玉米罐頭裡了。
「輸定了。籃球男長得又高又帥。
我已經很高了，遇到比我高的人機率有多低啊？」
儘管我知道世杰只是埋怨，但只要有全國男性身高統計表，
他的問題要得到答案不是不可能。

籃球男
世杰
數學
長相
其他
唉~
「其他」是什麼？
我也不知道，但如果全部都輸我也太可憐了吧？
碰！
就算是這樣，還是2:1落後。
果是別的就了，為什麼好他的數學這麼好呢？
還好啦，他小時候數學超級差的，後來遇到對的老師，才慢慢變好的。
我沒跟你說嗎？他是我從小到大的好朋友，叫做阿叉。
沒跟我說啊！
那他有女朋友嗎？
碰！
這不是重點吧，重點是小昭有沒有喜歡他。
你能不能請你朋友放過小昭，我會好好照顧她的。
講得好像小昭欠他債……

超展開數學約會

聯誼隔天,我跟世杰在學校速食餐廳吃午餐。

「唉～」

世杰在半小時內第 26 次嘆氣,每嘆一口氣,他的肩膀就往內縮一些,整個人變小,現在的樣子差不多跟練瑜珈的印度人一樣,可以裝進玉米罐頭裡了。

「輸定了。籃球男長得又高又帥。我已經很高了,遇到比我高的人機率有多低啊?」

儘管我知道世杰只是埋怨,但只要有全國男性身高統計表,他的問題不是不能得到答案的。

「看起來個性好,運動細胞又好。」他繼續說。

「你不是系桌的嗎?能打桌球,體育應該也不賴啊。」

世杰看了我一眼,確定我不是在諷刺後又嘆了一口氣。

「去年大電盃我跟系桌去比賽。因為平常太少練球。比到第三輪時,隊長還過來問我:『請問你一直跟著我們隊伍有什麼事嗎?』」

「那你幹嘛參加系桌?」

「大家不都是這樣嗎?滿懷熱血參加了一個社團,第一週後便失去興趣。」

應該不是大家吧,不過我自己沒參加任何社團,也不方便說什麼。

「唉～」

第 27 次。世杰把餐盤紙翻過來,在背面空白處畫了一張壹週刊比較女明星前後任男友時常用的表格。

# 08 世杰與阿叉的勝負表格

|  | 籃球男 | 世杰 |
|---|---|---|
| 數學 | 勝 |  |
| 長相 | 勝 |  |
| 其他 |  | 勝 |

「『其他』是什麼？」

「我也不知道，但如果全部都輸，我也太可憐了吧，我一定有贏過他的地方，只是現在還沒想到而已。」

嘆氣的頻率應該會贏，我邊想邊說：

「就算是這樣還是 2:1 落後。」

這句話像顆鐵球，直接砸中世杰的臉。他低下頭來，第 28 次嘆息傳入我耳中。

「如果是別的就算了，為什麼剛好他的數學這麼好呢？」

「他從國小起數學一直就很差，後來遇到對的老師，才慢慢變好的。」

世杰瞪大眼睛，我強忍著笑意，說出準備已久的台詞。

「我沒跟你說嗎？他是我從小到大的好朋友，叫做阿叉。」

## 正確的勝負表格

「你沒跟我說啊！昨天你們沒打招呼，看起來一點也不像朋友！」

世杰提高音量，旁邊在自習的女生皺眉瞪了一下我們。

「我很意外他跟小昭那麼熟，就忘記打招呼了。」

超展開數學約會

世杰懷疑地看著我。這是個很爛的謊言。事實上，阿叉出現在那裡是欣好特地安排的，任何一個正常男性看到自己喜歡的女孩跟阿叉聊天，都會感到壓力。

「為什麼要這樣做？」

「好玩啊，上大學不就是要玩嗎？」

欣好在 LINE 裡回答。

原來，小昭是因為欣好才認識阿叉，他們三個都唸師大，偶爾中午一起吃飯，小昭會問他們一些數學問題。起初我打算裝作跟這件事情完全無關，也不認識阿叉。只是後來想了想，撇清得這麼徹底好像不太容易，適當承認一些才是比較正確的作法。

看到世杰現在的反應，我同意欣好的話——好像滿好玩的。

「他有女朋友嗎？」

「他有沒有女朋友不是重點吧，重點是小昭有沒有喜歡他。」

我技巧性閃過了關鍵問題，世杰點點頭。

「也是，小昭那麼溫柔，就算阿叉有女朋友，可能也會選擇默默守候在他旁邊⋯⋯」

阿叉身旁的確有幾位這樣的女孩。不過商商倒是很相信他，從來沒有吃醋。

「你能不能請你朋友放過小昭，我會好好照顧她的。」

「講得好像小昭欠他債一樣，男人之間應該是來一場君子之爭吧！」

我拍了幾下桌面，試圖鼓勵世杰，也試圖讓局面變得更好玩。世杰茫然望著我，嘆了第 29 口氣後說：「你自己都說 2:1 了，我怎麼可能贏。」

## 08 世杰與阿叉的勝負表格

「不一定噢,你看。」

我接過他的筆,把勝負換成 1 與 0。

|  | 籃球男 | 世杰 |
|---|---|---|
| 數學 | 1 | 0 |
| 長相 | 1 | 0 |
| 其他 | 0 | 1 |
| 總分 | 2 | 1 |

「現在這樣是 2:1 落後沒錯,可是如果我們再隨便找兩個人進來,就對面那桌的兩個傢伙吧。看起來數學就不怎麼好,長得也不帥。」

對不起,我在心裡跟那兩位同學道歉,動筆寫下擴充後的比較表格

|  | 阿叉 | 世杰 | 路人A | 路人B |
|---|---|---|---|---|
| 數學 | 4 | 3 | 2 | 1 |
| 長相 | 4 | 3 | 1 | 2 |
| 其他 | 1 | 4 | 3 | 2 |
| 總分 | 9 | 10 | 6 | 5 |

「哎!?」世杰今天第一次講話的尾音上揚,「我贏 1 分了?!怎麼回事,明明你是加入了兩個弱到小昭不可能會選的對象,為什麼他們的出現會翻轉我跟阿叉的排名。唔,你這是在安慰我吧。」

81

超展開數學約會

是安慰，不過我當然沒說出口。

「兩個人的比較時，你跟阿叉之間的輸贏，都是用 1 分來計算。但事實上，每一項的 1 分，背後的價值可能完全不一樣。比方說，你跟阿叉的數學其實不會差太多。」我搖搖頭說。

世杰皺起眉頭，一臉不相信的樣子。

「真的，相信我，在我的調教下你好好努力，還有機會可以贏他。他以前數學差到連條件機率是什麼都不知道。」

「是喔。」

從世杰心虛的語調可以聽出他忘記條件機率是什麼了，我把話題帶回比較上。

「加入路人 A 跟路人 B 後，我們發現，你跟阿叉可能在數學和外貌上是很接近的，依然只差 1 分。但如果考慮到其他的話，阿叉這點比兩位路人還弱，你在這邊獲得 4 分，他只有 1 分。原來的 1 分差，被擴大成 3 分差距。這樣一比較，你就贏啦。」我再補上一句，「只是這個其他是什麼，就要你自己去想了。」

世杰犯的錯其實是每個人在比較時都很容易忽略的。大多數人以為只要有量化就好了，但該怎麼量化，才是真正的關鍵。像這樣單純把贏跟輸用一分來表示，不去考慮輸贏「多少」，就很容易造成最後的判斷錯誤。

## 差多少的重點是用什麼當作距離

「再多講一點吧。」

「什麼？」

我聽不懂世杰這句沒頭沒尾的話。他用催促的語氣說：

## 08 世杰與阿叉的勝負表格

「數學，數學啦。你剛講的好像又跟數學有關係了。你們開始懂得活用數學是在高中對吧，這樣我落後阿叉好幾年了，得趕快急起直追。」

我笑了一下，剛那裡面倒沒有什麼具體跟某個數學概念有關，只是一些邏輯的細節，硬要說的話——

「有點像 distance。」

「距離？幹嘛撂英語。」

「這個數學知識是我從原文書裡學來的，下意識就用英文了。你一開始畫跟阿叉比較的表格，每一格只有 0 或 1，這個可以視為 Hamming distance，中文叫做『漢明距離』。漢明距離可以想成是玩『大家來找碴』那種找出兩張圖哪裡不一樣的遊戲，有 8 個不一樣的地方，兩張圖的漢明距離就是 8，不管是只有一朵花不一樣，還是一整棟房子不一樣，只要不一樣，就算是 1。」

「那跟我剛剛的比較的確很像，只要誰贏了就是 1，輸的就是 0。」

「沒錯，你的勝負計算，就是在算二人分別跟原點 (0,0,0) 的漢明距離。算出來阿叉是 2，你是 1。所以他贏。」

世杰點點頭，我喝了口飲料繼續說。

「後來我們把更多人放進比較，每個欄位也不再只有 0 跟 1，會有各種整數，如果你想的話，也可以用小數表示。這時候的距離，就是 Euclidean distance。」

「油可麗的嗯？」

「歐式距離，以歐幾里德的名字命名。」

我在心裡罵了一句髒話，當初我學到這個名詞時，反覆唸了好幾遍，只為了把發音練到完美。結果這傢伙竟然聽成什麼油的。

超展開數學約會

「歐式距離就是我們最常接觸的距離，平面上兩個點(1,3)與(4,7)之間的距離是多少？」

「$x$軸上 1 和 4 的距離是 3，$y$軸上 3 和 7 的距離是 4，所以二者平方相加，9+16 開根號等於 5。」

「對，這個『距離 5』就是在講歐式距離。」

「這樣聽起來歐式距離精準多了，怎麼還會有人傻到用只有 0 跟 1 的漢明距離。」

世杰不以為然地說，我盯著他看沒回應，幾秒後他才醒悟到自己就是他口中「傻到用只有 0 跟 1 的漢明距離」的人。

「是吧，對很多人來說，比起精準度，計算方便更重要。漢明距離雖然不精準，但它非常好算，只有 0 和 1，只要加法，多輕鬆啊。而且很多時候，像剛剛我們講的『大家來找碴』，遊戲重點只要發現哪裡有不對就好，怎樣的不對不重要，這時候漢明距離就很夠用了。」

「二進位的數位信號也是，對嗎？」

我點點頭。

「沒錯，電腦所使用的二進位系統中，每個數字本身都是由一串 0 與 1 組成，一個 0 或 1 稱為『位元』。比較兩串位元時，我們只要計算它們的漢明距離，就可以很精準地知道它們到底相差多少。也可以從一串位元算出另一串位元的值，只要把漢明距離等於 1 的位元翻過來就好了。」

我解釋著，心裡同時有點意外，沒想到世杰這麼快就想到這個例子，或許他的數感比他自認的還要再好一點。有這麼一個說法是，如果你覺得自己沒有數學天分，那你就會被自己催眠，真的學不好數學。看來，世杰漸漸突破了這個催眠。

# 09

# 自由落體的心情

「你們有先『計算』好每個動作嗎?
我說的是,用數學計算噢。」
「噢?」
欣妤一臉輕視地看我,她很漂亮,但個性令人不敢恭維。
「啦啦隊要搭配音樂,每個動作都要很精準,要對到時間。
比方說拋這個動作就需要計算。
我們來假設,一個 48 公斤的女生被四個男生拋起來。
不能只是拋就好,還要事先算出她在空中能停留多久。」
「然後呢?自由落體嗎?
真正跳啦啦隊的人是不會知道這些的。」

哇！
我最喜歡的青蛙撞奶！
半糖少冰嗎？
算你細心！
真不好意思，你還特地跑一趟~
練習還順利嗎？
嗯！
不過有些動作還是沒辦法做好，好難噢。
妳動作太慢了，剛剛那邊要趕快跟上。
可是學姊....
不要叫我學姊！
你們有先「計算」好每個動作嗎？
我說的是，用數學計算噢。
真正跳啦啦隊的人知道這些幹嘛呀？
刺

超展開數學約會

秋天的夜晚很涼爽，馬路上的引擎、喇叭聲聽起來也比夏天順耳很多，唯獨路面依然凹凸不平。

噹。

我小心握緊 YouBike 的龍頭，不讓車子晃動得太厲害，保護籃子裡的手搖飲料。這是我在公館大學口排半小時才排到的青蛙撞奶，作為「順路剛好經過」探班啦啦隊的練習，是分量剛好的伴手禮。

*

幾天前我跟小昭在網路上聊天，我試圖約她去圖書館唸書。

「對不起，我那天晚上有事⋯⋯」

被拒絕了嗎，我腦海裡第一個浮現的是阿叉的臉。彷彿是為了安慰我，小昭接連傳來訊息：「學校下個月要啦啦隊比賽，我們要留下來練習。」

「不過隔天晚上就可以了～你要帶我去你們學校的圖書館嗎？」

帶！她用「帶」這個動詞！文字真的很微妙，從「找」換成「帶」，稍微修改動詞就給人撒嬌的語氣。相形之下，數學的變化就有點太過頭，一道簡單的式子 2+5 光是把加法符號「+」轉四十五度，就會得到完全不一樣的答案。

「只是我對小昭突襲式的撒嬌有點訝異就是了，沒想到她有這一面。」

「女生在喜歡的人面前，跟平常本來就不一樣吧。你自己還不是一樣，平常很白目。」另一個對話框的孝和聽我說完後回答，再

# 09 自由落體的心情

補上一句:「不對,你在小昭面前也很白目。」

我默默將孝和的對話框設定成不提示。

## 啦啦隊服上的紅標籤

今天晚上在電腦教室打完電動後,我決定去找小昭。

我認為突然拜訪有兩個準則必須要遵守。

第一是「剛好」:剛好在附近辦事,剛好多買一杯飲料,不要讓對方覺得你是刻意計畫好,這樣會給人壓力,嚴重一點還會被覺得沒被告知。

第二是「短暫」,不要停留太久,講幾句話就要離開,不要影響對方的原有行程。

所以我的版本是:「唸完書後去買青蛙撞奶,想到妳在練習會口渴,就順便買幾杯帶過來給妳和妳同學。」

我多買了三杯,一杯給小昭,一杯給一定會出現的欣好,還有一杯備用。我對自己的深思熟慮感到開心。載著四杯青蛙撞奶,展開全台灣最開心的外送服務。不僅如此,我還查好了啦啦隊相關的數學。

連啦啦隊練習裡也有數學,看到時真有點啼笑皆非。

我想起孝和曾說過一則故事:一群數學家在思考該怎麼讓人們意識到生活中處處是數學。

「不如我們就像標示原料那樣,在每個跟數學有關的事物上貼上一個紅色標籤。」

大家起先覺得這個點子不錯,但後來想一想還是沒有實行。

「為什麼?」我問孝和。

超展開數學約會

「他們發現這樣做，等於在每件事物上都貼紅標籤。到處都有，人們反而又忽略紅標籤了。」

我想像小昭的啦啦隊服上也有一個紅標籤的畫面，好可愛。

「真不好意思，你還特地跑一趟～～」
「我最喜歡青蛙撞奶了，半糖少冰嗎？」
第二句話是欣妤說的，她理所當然拿起另外一杯。我點點頭。
「不錯很細心，幫你加分。」

誰需要妳的加分啊，我忍住這句話，笑著跟她道謝。晚上的師大操場有很多人在運動，小昭剛好是休息時間，我們三個人坐在跑道旁的觀眾席聊天，慢跑的人不時從前方經過。

「練習還順利嗎？」

小昭正在喝飲料，她點點頭，脖子上圍著一條毛巾，幾撮頭髮因為汗水貼在臉上。

「不過有些動作還是沒辦法做好，好難噢。」
「妳動作太慢了，剛剛那邊要趕快跟上。」
「可是學姊……」
「我不是學姊！」

她們討論起剛才的練習。我在心裡複習了一遍，拿出準備好的話題。

「妳們有先『計算』好每個動作嗎？我說的是，用數學計算噢。」
「噢？」

欣妤一臉輕視地看我，她雖然很漂亮，但個性真的令人不敢恭維。

## 09 自由落體的心情

「啦啦隊要搭配音樂，每個動作都要很精準，要對到時間。比方說拋這個動作就需要計算。我們來假設，一個 48 公斤的女生被四個男生拋起來。不能只是拋就好，還要事先算出她在空中能停留多久。」

「然後呢？自由落體嗎？真正跳啦啦隊的人是不會知道這些的。」

被破哽了，我覺得有點尷尬，我忘記這位個性差的女生跟孝和是高中同學，接受過同一位數學老師啟蒙，數學一定也不錯。還好小昭聽不太懂，我裝作沒聽到繼續講下去。

「假如要在空中停留 2 秒，往上 1 秒，往下 1 秒。在最高點的一瞬間速度是 0，重力加速度 g=9.8m/s$^2$，運用以前物理課所學，這一秒內移動的距離是

$$\frac{1}{2}gt^2 = \frac{1}{2} \times 9.8 \times 1 = 4.9$$

大概要拋高到 5 公尺。」

「5 公尺不會太高嗎？」

小昭邊說邊抬起頭，糟糕，5 公尺都要到兩層樓高了。我趕快改口。

「對，所以大概只能停留 1 秒就差不多，這樣拋的高度大約是……1.2 公尺。比較沒那麼危險。然後我們還可以進一步算出……」

我拿出手機計算，從 5 公尺改成 1.2 公尺，原本背的數據都得重算了。

「被拋的人，往上跟往下的速度和加速度一樣，方向相反。所

以往上的初速跟落下來的速度相同。落下來的速度是 0.5 秒（s）乘以加速度 9.8 m/s²=4.9 m/s，這也是往上的速度。假設把他往上拋的兩個人花了 0.25 秒的時間，讓他從靜止變成 4.9m/s 的速度，等於給了他 4.9/0.25=19.6m/s² 的加速度（a）。他的體重 48 公斤（m），所以需要施力

$$2F = ma = 48 \times 19.6 = 940.8$$

這是兩個人的總施力，平均每個人的施力就是 470.4 牛頓。」

我眼角瞄了瞄欣妤，她沒什麼反應，我繼續說。

「牛頓不太好想像，我們可以用公斤重來換算，1 公斤重是 9.8 牛頓，所以每個人的施力剛好是 48 公斤重。也就是說，兩個人想把一個人拋起來，在空中停留 1 秒，需要的力氣剛好就跟被拋的人體重一樣。如果是想多停留 1 秒，變成 2 秒的話⋯⋯」

「拋兩層樓高。」

欣妤冷不防地吐嘈，小昭笑了出來，我硬著頭皮講完。

「停留時間加倍，初速也要加倍，就需要兩倍的施力。相當於是拋一個體重兩倍的人噢。」

「你們在聊什麼啊？」

聲音的主人拍了我的肩膀。

他為什麼會在這邊！？

自由落體的心情

## 洞悉各項變數的關係

「阿叉學長是熱舞社的，欣好學姊找他來幫我們看動作。」

「要說幾遍我不是學姊。哎阿叉，這杯給你吧。」

欣好把我多準備的一杯青蛙撞奶遞給阿叉，阿叉喝了一口說：

「噢，半糖少冰哎，好體貼。你是孝和的大學同學對嗎？上次沒自我介紹，我叫阿叉。」

「我叫世杰。」

買飲料給情敵，還被稱讚懂得少冰少糖很體貼，我的人生為什麼歪斜成這樣。在我放空的同時，小昭跟阿叉解釋我們剛剛的對話。阿叉點點頭又拍拍我肩膀，開心地說：

「你數學滿好的哎，雲方老師一定會很喜歡你。」

雖然是情敵，但他給人的感覺很真很開朗，很難讓人發自內心討厭他。阿叉拿出手機，點開一個竟然可以寫公式的 APP，他邊說邊寫：

「延續你剛剛的分析，如果都假設往上拋的施力時間是 0.25 秒，也都是兩個人拋，假設在空中的時間是 t，g 是自由落體參數，可以得到一個人的施力

$$F = \frac{1}{2}ma = \frac{1}{2}m \times \frac{v}{0.25} = \frac{mv}{0.5}$$

另外，落下來的時候速度會跟拋起來的速度相同，方向相反。在最高點靜止，表示經過時間 t/2，重力加速度 g 會讓速度增加到 v

超展開數學約會

$$V = \frac{gt}{2}$$

代入上面的算式就能得到

$$F = mgt$$

從式子可以看出有三條規則：

第一，拋的人固定施力，停留在空中的時間跟被拋者的體重成反比。比起 40 公斤的人，50 公斤的人只能停留 0.8 倍的時間。

第二，拋的人施力是被拋者體重乘上停留時間。停留 1 秒施力是體重，2 秒是體重兩倍，依此類推。

第三，如果力氣不夠，可以改成增加底座的人數，假設 k 人，每個人施力 mgt/k 就好。」

「阿叉學長好厲害噢！」

小昭露出崇拜的眼神。這些變數我當初推導也看過，只是我覺得變數講解很不清楚，不如直接挑幾個例子來看。結果阿叉不但用變數講解講得比我清楚，還看出我沒察覺的變數之間關係，推論出兩條就算不懂原理的人也能參考使用的規則，靈巧地在體重、底座人數、空中停留時間做換算。

「不過，算這個幹嘛？你們又沒有跳競技啦啦隊，不會有這些空中動作不是嗎？」

什麼？沒有拋投嗎？所以從頭到尾我都搞錯了嗎？我像一隻被丟到地上的金魚，嘴巴一開一闔，卻說不出一個字。

「人家很體貼啊，不行嗎？喝了人家的飲料還問這種問題。」

## 09 自由落體的心情

意外地,欣好幫我解圍,我看了她一眼,她沒理我。看起來又不是幫我解圍,只是純粹喜歡吐嘈任何人。「我又不知道⋯⋯」阿叉搔搔頭嘀咕。

「好啦,去練習吧。阿叉你再把剛剛那個隊形講清楚。」

小昭跟欣好起身,我也站起來準備離開。

「你們在排怎樣的隊形啊?」臨走前我問小昭。

「我也不太清楚,阿叉學長說這是用費波那契數列設計出來的等螺旋線。」

小昭笑了笑跟我說:「等比賽當天再給你看。」

我走到校門口牽車時,手機傳來小昭的訊息。

「青蛙撞奶很好喝,自由落體的數學也很有趣,看到你來探班更開心。明天圖書館見。」

明明只有一則訊息,我卻覺得手機比講了一小時的電話還燙、還更溫暖。

# 10

## 看完電影為什麼
## 要聊幾何平均數

「電影主角說『數學就像繪畫,只是用你看不見的顏色來呈現』。
每一道公式、定理,跟畫作一樣,都是在表現世界。
事實上,電影演員也說,在寫數學公式的場景時,
他都把數學公式當作一幅畫,重新畫在黑板上。」
只是這兩種都把數學公式詮釋成畫的比喻,有著本質上的不同就是了。
「很多人會看成功人士傳記,想學到成功法則或人生道理。
我覺得不如去看數學家傳記,有趣的事情更多。」

是你的情敵嗎?還是你女朋友劈腿?

我最討厭搶別人女朋友的男人了。

不是啦!

男生是我好朋友,他最近在追那個女生,

他們坐在吧台,我就刻意選在旁邊。不過為什麼有預約還會被分到吧台區啊?

我只是好奇他們約會的狀況罷了。

我朋友覺得約會時,坐在同一側能更營造出更親密的感覺。

就算不講話時,也不會大眼瞪小眼尷尬。

他不要講數學就不會尷尬了。

超展開數學約會

　　捷運上擠滿了上班人潮，乘客太多，有些人連玩手機的空間都沒有，只能像個蛹一樣，把自己縮起來，掛在手把上。我走進車廂，看見賴皮坐在那兒跟我招手，坐在他旁邊的中年大叔站起來把位子讓給我，身影消失在車廂尾端。

　　「這樣找人頭占位子好嗎？」

　　「開什麼玩笑，我們可是捷運地下委員會，連一個位子都沒辦法留給客人，那還算什麼。」

　　賴皮哼了一聲，接著問我：

　　「你想從哪裡聽起？」

　　「他們昨天幾點分開的？」

　　「十點左右吧，男生送女生到宿舍門口。男的很癡情哎，一直在門口站到看不見女生才肯離開。」

　　很有世杰的風格，游走在深情跟變態之間的灰色地帶。

　　「你的情敵？還是你女朋友劈腿？我最討厭搶別人女朋友的男人了。」賴皮忽然整張臉湊近說。

　　「不是啦，男生是我好朋友，他在追那個女生，我只是好奇他們約會的狀況罷了。」

　　賴皮一臉不相信，我搖搖頭繼續說。

　　「女生叫小昭，她喜歡數學。我朋友世杰賣力地跟我學數學，想靠著這些惡補的數學知識來追小昭。」

　　如果賴皮的臉是字幕，幾秒前寫「騙人」，現在是「真的假的」。他像想起什麼似地，右手握拳敲了左手手掌。

　　「難怪！他們不時講什麼比例、幾何平均數，我還在想是家教嗎？但你朋友約會跟你又有什麼關係，要特地找我去看。」

　　我搔了搔頭，這下倒有點不好意思了。

「我教了那麼多數學，從來不知道他在女生面前怎麼用的。這感覺就有點像……老師教學生，卻從來沒看過學生考試成績如何，所以才找你幫忙。你覺得咧，他的數學話題有討到女孩子歡心嗎？」

賴皮像口試委員一樣思考了幾秒。

「及格邊緣吧。」

## 數學家傳記教我的事

「他挑的數學家電影滿好看的。」

世杰跟小昭去看改編自印度數學家拉馬努金傳記的電影《天才無限家》，拉馬努金是一位傳奇數學家。出身在貧窮的印度家庭，12 歲時獨立推導出歐拉公式：

$$1 + e^{j\pi} = 0$$

15 歲時拿到一本《純粹數學概要》，拉馬努金不僅讀懂裡頭六千多道沒有證明的公式，還能進一步延伸，發展出自己的公式。

「他在劍橋大學才花了 4 年就變成了研究員跟皇家學院的院士，跟你一樣是天才。」賴皮說。

「他那樣才叫做天才，我只是比一般人厲害一點而已。」

「第一次聽到你這麼謙虛，發燒了嗎？」

賴皮作勢摸我額頭，我笑著閃開。雖然我對自己有信心，但拉馬努金可是數學歷史上難得一見的天才。

我跟他的差距說是無限大恐怕也不為過。

「拉馬努金能憑直覺理解各種數學概念。我很同意電影裡的一

超展開數學約會

句話：『數學就像繪畫，只是用你看不見的顏色來呈現。』每一道公式、定理，其實真的跟畫作一樣，都是在表現這個世界。事實上，電影裡的演員也是用這個方法來詮釋數學家，他說在寫數學公式的場景時，他都把數學公式當作一幅畫，重新畫在黑板上。」

只是這兩種都把數學公式詮釋成畫的比喻，有著本質上的不同就是了。

賴皮點點頭。

「電影很讚，很多人會看成功人士傳記，想從中學到成功法則或人生道理。看完電影後我覺得不如去看數學家傳記，那裡頭有趣的事情更多。」

賴皮對自己的話很滿意，用指導的口吻跟我說：「你也該這樣，多教你的學生講數學家故事，不要一直算公式，那真的太無趣了。」

「真的嗎？」

「至少我覺得啦。」

根據賴皮的說法，他們看完電影後，去了附近百貨公司樓上的一間日式串燒店。這頓應該花了世杰好幾個小時的家教薪水。

「他們坐在吧台，我刻意選在他們旁邊。為什麼要預約吧台區啊？」

「我朋友覺得約會時比起面對面，兩個人坐在同一側能營造出更親密的感覺，就算不講話時，也不會大眼瞪小眼尷尬。」

根據我的經驗，坐在同一邊算數學也很方便。要是寫算式的人坐在右側，手不會擋到，那就更完美了。只是到這邊就根本是家教跟學生上課的坐法了吧。

「他不講數學就不會尷尬了，」賴皮嘆口氣說，「他聽女生聊

# 10

## 看完電影為什麼要聊幾何平均數

完電影心得後,下一句竟然是『說到電影銀幕,你知道為什麼電腦、手機螢幕都是 16:9 嗎?』這跟電影有任何關係嗎!?退一萬步,電影銀幕也不是 16:9 吧!」

我愣住了,前陣子世杰問我這個問題時,我還以為他會等到哪天跟小昭一起用電腦寫報告,或在玩手機時才講到。

「憑我的豐富觀察經驗,女生臉上的表情清楚顯示著『驚慌』!」

「不會啦,小昭喜歡數學。」

我心虛地回答。賴皮搖搖手指。

「她當時真的很驚慌,但她很善良,馬上就恢復鎮定,笑著說不知道,再做球給男生。然後啦,你那位朋友滔滔不絕解釋起為什麼螢幕是 16:9。他一開始說,電視螢幕的大小『吋』是指對角線的長度,以前常見的 4:3 螢幕,如果是 21 吋螢幕,面積是 212 平方英寸。如果是現在的 16:9,21 吋螢幕只有 188 平方英寸。換算起來少了 11% 的面積。商人為了節省成本,才把螢幕從 4:3 改成 16:9 的。」

我沒有講過這種說法,我一方面感到欣慰,世杰自己去查資料,一方面也覺得網路世界很偉大,創造出「過去的不確定性」,一件發生的事在網路上往往有不只一種說法。比較起來,我還是比較喜歡我知道的,更數學的說法。

「他後來有補充另一種說法嗎?」

「有,他說以前有很多種不同的影片規格,像是 4:3 或 2.39:1。他這樣講我倒是想起來,很小的時候我有看過那種我以為螢幕壞掉,上下兩大塊黑色區域,只有中間小小一塊有電影。」

「對,那就是 2.39:1 的寬比例。16:9 的螢幕,就是為了能夠在同一台螢幕上最有效率地顯示 4:3 與 2.39:1 這兩種不同比例影片所

設計出來的。」

「最有效率？」

賴皮發問，表示昨天世杰的解釋不夠清楚。

「用數學一點的話來說就是：**能包含等面積的 4:3 與 2.35:1 的兩個長方形的最小長方形比例**。我先舉個例子給你看。8 公分 ×6 公分是一個 4:3 的畫面，10.6 公分 ×4.5 公分則是 2.35:1 的畫面。兩個的面積都是約 48 平方公分。要把這兩個長方形包起來，就要是一個長 10.6 公分，寬 6 公分的長方形，10.6:6 的比值為 1.76，跟 16/9 很接近。」

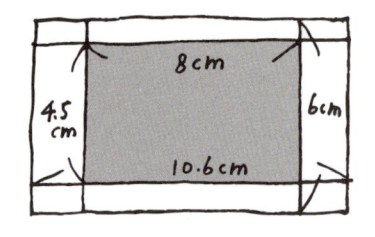

我拿出手機畫了一張圖。賴皮點點頭，然後又搖搖頭說，

「像你這樣講清楚多了，昨天你學生一口氣就冒出一堆變數。根本聽不懂他在說什麼。」

世杰一定是直接用變數計算。4:3 的長方形，假設長為 1.33x，寬為 x(4:3 等於 1.33:1)；2.35:1 的長方形則假設長是 2.35y，寬是 y，然後因為面積相等⋯⋯我在手機螢幕上寫下

$$1.33x^2 = 2.35y^2$$

再把它化簡，得到

$$\frac{x}{y} = \sqrt{\frac{2.35}{1.33}}$$

「他是不是寫這個式子？」

我把手機遞給賴皮看，他頭湊到螢幕前，又把手機還給我。

「好像有點像，我記不得了。那時候我只覺得串燒都變難吃了。」

我搖搖頭，把算式講完。

「能包住 4:3 的長方形與 2.35:1 的長方形的最小長方形，必然長是 2.35y，寬是 x，因此可以得到它的長寬比 2.35y/x，再把 x 用 y 表示，為 $x = \sqrt{\frac{2.35}{1.33}} y$，再把它代入 2.35y/x，可以得到

$$\frac{2.35y}{x} = 2.35 \times \sqrt{\frac{1.33}{2.35}} = \sqrt{1.33 \times 2.35} = 1.77$$

長寬比為 1.77，也就是 16:9。」

「這個 $\sqrt{a \times b}$ 就是幾何平均數對嗎？」

賴皮指著螢幕問。

「對，他有講到這個？」

「有噢，他可得意了，好像是他發明的一樣，還一直說『記不記得以前一定會考的算幾不等式：算術平均數大於幾何平均數，就

是這個噢』、『我們以為幾何平均數一點用都沒有,原來16:9螢幕比例就是被它所決定的呢』。我才不想知道這些,我只知道啊,吃燒烤不管加什麼,幾何平均數一定是最爛的佐料。」

「這不是幾何平均數的錯,是他講得太爛了。後來還講了什麼嗎?」

「嗯,他就又補充了一些,什麼如果用16:9螢幕看的話,不管是4:3或2.35:1,浪費的部分都一樣多,大概都是——」

「25%左右。」

「很好,拜託不要告訴我計算過程。你說他要靠數學追那個女生。不是我在說,那女孩滿可愛的,看起來應該很多人追,真的有機會嗎?」

賴皮用懷疑的眼神看我,捷運抵達終點站,其他人都下車,剛上車的人紛紛瞄了沒有起身的我們。

「之後可能要再靠你跟捷運地下委員會幫忙了。」我嘆口氣苦笑。

# 11

# 逛街時遇見三角函數與最佳化

「你必須要非常理解一個道理,才能講解得深入淺出。
你對很多數學知識的理解只停留在表面,
所以只能用『別人的話』來解釋,不是自己的語言。」
孝和把課本翻到習題那頁說:
「『覺得上課聽懂』跟『會做習題』是兩回事。
講解到別人能懂,又是另一回事。
你啊,還是乖乖地舉例講清楚就好了,
否則只會讓小昭看破你數學不好。」

你穿這件很好看，很合身。袖口要再拉出來一點，
褲管也很剛好。
我也覺得滿好看喔！
你看～女朋友都這樣說了。
那我就買這套了。
等等等等，我們再考慮一下。
對女生來說買衣服的規則是：在附近N間店中，找到一件最適合自己的。
但對男生來說不是，追求的最佳化目標完全不一樣。
我聽說男生買東西都很快就決定，沒想到是真的。
因為妳說好看嘛。

如果有空拍機由上往下看，信義商圈就像個由百貨公司構成的大峽谷，人群在峽谷底部踏青，觀賞櫥窗景致，度過週末下午的悠閒時光。12月的行道樹有些已經裝上了燈飾。我遠遠看見小昭，她穿牛仔褲跟粉色毛衣，外搭暗紅色牛角釦外套，手插在口袋。我討厭轉頭看她的路人，噁心、變態、沒禮貌；同時覺得沒注意到她的路人遲鈍無比，就算林志玲走過去也只會有「這女生好高噢」的心得吧。

前幾天我跟小昭傳簡訊，聊到期末報告要穿正式服裝。
「得找一天去挑西裝跟襯衫，偏偏我對這個最不在行了。」
「我陪你去啊，不是我在說，我挑東西眼光很好噢。」

「如果她眼光很好，你才該擔心。」
我像隻雷龍一樣隔了幾秒才意識到孝和在諷刺我。他重重嘆了一口氣，大概有3級陣風的強度。
「你不要因為之前看到阿叉把很難的數學講得很清楚，就想有樣學樣。你和他的數學『解釋』能力差太多了。」
孝和雙手一高一低，那高度差都可以讓人耳鳴了。他說的是兩件事：探班啦啦隊比賽，阿叉用變數解釋了我講不清楚的公式；我跟小昭看電影，我在燒烤店，嗯，證明螢幕比例是從幾何平均數來的。
我的確是不想輸給阿叉才刻意那麼做。
當時我也覺得好像有那麼一點超過，店員都用嫌惡的眼神看我，但推到一半了怎麼能忽然說「哎其實我覺得這個超無聊的」，然後把筆放下改拿烤雞肉串呢？

「你必須要非常理解一個道理，才能講解得深入淺出。很多數學知識你只是聽我講過，或是在網路上查到，還停留在很表面的理解。所以你只能用『別人的話』來解釋，不是自己的語言。」

孝和把課本翻到習題那頁說：

「好比說覺得『上課聽懂』跟『會做習題』是兩回事。講解到別人能懂，又是另一回事。你啊，還是乖乖地舉例講清楚就好了，不要想一步登天，還想講解公式意涵，這樣只會讓小昭看破你數學不好。」

我被他說得有點擔心，小昭這麼喜歡數學，會不會……其實早就看穿我了呢？

## 她沒否認是我女朋友！

「這件很合身很好看，褲管也很剛好。女朋友覺得呢？」

「我覺得滿好看的啊。」

「女朋友都這樣說了。」

現、現在發生什麼事了。我回顧過去幾分鐘發生的事情：首先，我跟小昭來到一間專櫃，我挑了一件深灰色的西裝去試穿，店員盡責地不管怎樣都說好看，並且誤會小昭是我的女朋友。然後本世紀最重要的事件發生了，小昭沒有否認！？

我心裡閃過「難道小昭有抽回扣」的想法，但馬上在腦海裡跟小昭下跪道歉。

「那我買這套。」

「等等等等，我們再考慮一下。」

我的女朋友小昭連忙阻止，店員臉上閃過可惜的表情，瞬間又

專業地接過衣服。

「我聽說男生買東西都很快就決定，沒想到是真的。」

「因為妳說好看嘛。」

「說不定別件更好看。再去其他間逛逛，沒有再回來買吧。」

我們走出店家，小昭繼續說。

「對女生來說，買衣服的規則是：在附近 N 間店中，找到一件最適合自己的。但對男生來說，規則好像是：在最短時間內，找到一件適合自己的程度超過某個值以上的衣服。追求的最佳化目標完全不一樣。」

我想起之前跟孝和聊讀書計畫時也有過類似的討論，人生到處都充滿最佳化。不過最佳化什麼的此刻一點都不重要，我只想知道小昭剛剛為什麼不否認是我女朋友啊！

## 服飾店裡的數學情境

我們陸續逛了幾間店，再也沒有店員像之前那位一樣稱小昭為「你女朋友」，我也沒有機會重提這件事。

「我發現我好像特別適合某一兩間的西裝，試穿感覺都滿好的。其他幾間就怎麼穿都怪怪的。」

「可能是剪裁的問題，每一間店都有自己剪裁的風格。這件我覺得就不錯啊。」小昭對著鏡子裡的我繼續說，「也可能是燈光跟鏡子大小的關係噢。」

「燈光？」

「有些店燈光柔和，看起來氣色比較好。有些會用狹長的鏡子，讓人產生比較瘦的錯覺。女生是很講究感覺的生物，雖然購物時很

精打細算，但只要一看到喜歡的衣服，回過神來就已經在櫃檯了。」

「原來是這樣啊⋯⋯」

我注意到鏡子底部微微往外傾，上端往後傾，一個念頭閃過。

「鏡子傾斜角度可能也有關係。」

「什麼意思？」

「假設鏡子傾斜個 15 度好了，投影出來的人，我記得以前物理教過，就是兩倍的鏡子傾斜角度，是 30 度。所以是一個往後仰 30 度的自己，腳跟離我們最近，頭頂離我們最遠。學三角測量的時候我們知道，一個物體離我們越近，看起來越大，越遠看起來越小。因為腳離我們最近，上半身一路到頭逐漸變遠。連帶地，我們的腿跟上半身的比例就會比平常要來得更大。意思就是腿會看起來更長，比例更好。」

我正準備列式子算算看「鏡子傾斜 x 度時，人的腿長比例會提升 y%」，忽然想起孝和的告誡，還是不要做沒把握的複雜解釋，好好用例子講解。

「比方說，如果 10 公尺高跟 100 公尺高的建築物都在我們前方 1 公里，我們看起來它們的高度是 1:10。但如果 10 公尺的建築物往前移到距離我們只有 500 公尺，那他的視覺高度就相當於 20 公尺的建築物在 1 公里，高度比頓時就變成只有 1:5。傾斜的鏡子大概就有這樣的影響。」我邊想邊說。

「對哎，你好厲害噢。我逛街這麼久第一次知道這個道理。難怪我常常會覺得有些褲子明明在店裡看起來腿好長，但回家穿又還好。」小昭邊說，邊左右觀望，趁店員不注意時偷偷把鏡子推回正常角度，我趕忙閃到一邊，我可不想讓自己長腿的錯覺在小昭面前破滅。

超展開數學約會

「你看,店員跑去把鏡子弄回傾斜狀態了。」

結帳隊伍中,小昭拍拍我,指著試穿區小聲說。

「還不是妳惡作劇。」

「我想驗證一下你的理論嘛。」

兩人感情因為一起做壞事而升溫,我以為這種事只有在《投名狀》那類的電影才會發生。我看了看在店裡走來走去的店員,腦袋裡某個抽屜又蹦地一聲彈開來。

「一間服飾店裡,該有幾位店員呢？」

「什麼意思？」小昭用不解的口吻問我。

與其說是回答給她聽,我更像自言自語。「店員是開銷,應該要越少越好。但又不能太少,理想上店裡的每個角落都要能被某一位店員看到,才可以即時服務客人,監視小偷。所以店面的大小、形狀、陳列架的擺設會不會製造出很多死角,都會影響店員的數目。我記得以前孝和講過——咳以前看過。」

小昭似乎沒聽見我剛不小心講出孝和,我繼續說:「有個叫做美術館問題（Art Gallery Problem）的數學經典問題,討論美術館有好幾個展間,該在哪些位置放警衛,才能用最少的人力確保每件作品都能被監視。說不定,服飾店的店員數目也可以用這個方法去解決。」

我邊說邊拿出手機查資料,小昭也跟著拿出手機,我們低頭在隊伍中前進,看了看資料後我發現好像不太對,我修正:「美術館問題裡警衛是靜止的,但是在服飾店,店員可以自由走動。而且如果有客人來找店員,店員會被占用,他原本負責的區域就要由其他店員來幫忙。所以這會是一個在空間跟時間上都是動態的最佳化問

112

## 11 逛街時遇見三角函數與最佳化

題。不僅跟店裡的大小形狀有關,同時也跟客人數目、客服處理的時間、店員走路的速度有關。我剛查了一下,有另一個問題叫監視者問題(Watchman Problem),是講一個可以移動的人,要在最短路徑下看過所有的區域。可能也跟這個問題有關。啊,不好意思,講得太投入了,而且又都只是說說,沒有把答案算出來。」

不知不覺間竟然講了一大堆,完全沒有顧慮到小昭的心情,我有點不好意思。

小昭對我嫣然一笑,搖搖頭說:「你好厲害噢,一下子就能將現實情境跟數學問題連結在一起。」

我不好意思地笑了笑,被小昭讚美數學比被讚美穿西裝好看更開心。輪到我們結帳,我順便問店員:「請問你們店裡是怎麼決定店員的數量呢?」

「老闆排的,熱鬧的時段人多一點,冷清的時段人少一點。」

「多跟少各自是多少呢?」

店員愣了一下,這可能是他第一次被問這個問題吧。

「我也不知道哎,應該是看老闆經驗來決定吧。」

「說不定老闆懂得監視者問題跟美術館問題。」我小聲跟小昭說,她笑得很燦爛。其實今天除了買衣服,還有一個更重要的目的:我想約小昭一起跨年,現在氣氛正是發問的時機。但正當我吸了口氣鼓起勇氣,小昭的聲音先一步傳進我耳朵。

「跨年……要一起去旅行嗎?」

# 第三部

## 數學告白大作戰

# 12

## 超展開數學旅行團 I

「排隊排到比較慢的隊伍不是運氣差,
本來機率上就是比較可能發生的事。」
阿叉插嘴解釋。
「有兩種說法,第一種是最快的隊伍只有一條。
N 條隊伍中只有 1/N 的機率會被排進去。
其他時候你都會看著別的隊伍往前走。
另一種說法是比較慢的隊伍人數比較多,
所以當你隨便被分配到一列隊伍,進入慢隊伍的機率比較高。」
「阿叉的數感進步很多哎。」
積木發出讚嘆。

連假出來果然會塞車~

要不要換到左車道,好像比較快。

不用,過一會兒兩邊就平衡了。

那是什麼?

啊你數學不是很強?

甚至有時會發生類似欠阻尼(underdamping)的現象。

太多人往左切,造成左車道不但速度減緩,最後比我們的車道還慢。

欣妤為什麼不跟著積木出國唸書啊?

你們沒聽過小別勝新婚嗎?

半年不算小別了吧。

什麼時候輪得到你來定義了?

對啊,你們那麼恩愛。

超展開數學約會

「你不覺得，你高中同學都是，」世杰停了幾秒尋找合適的措辭，「很有特色的人嗎？」

他的視線落在積木的後腦勺。在美國唸書的積木，利用耶誕過年連假回台灣。

「一般大學生不會開 BMW 大 7 系列吧。」

「你很沒禮貌噢，積木怎麼會是一般大學生。」

欣妤從副駕駛座回頭罵人，她接著說，「積木是幾年後要繼承家族集團的菁英，『一般』人不會用『一般』來形容他吧。口渴嗎？」

欣妤前後兩句的語氣大概有十度溫差，她把保溫杯湊近積木嘴邊。喝完水，積木對照後鏡說：「你是欣妤的朋友嗎？」

「朋友嗎……算是吧。」我開口解釋，欣妤補上一句：「也是小昭的『好』朋友。」

「『好』幹嘛放重音。」

小昭出聲抗議，欣妤問世杰：「世杰你希望我下重音還是不下重音。」

世杰支支吾吾，小昭臉紅了起來，拍著副駕駛椅背：「欣妤不要鬧啦。」

我們在高速公路上，積木的駕駛技術很好，或是 BMW 車子很好，也可能兩者都是。沒有人意識到車子正以三位數的車速南下。

目的地是台南。

## 從塞車聊到小吃店的超展開數學成員

「連假出來果然會塞車。」

約莫兩小時後，前方車子紛紛減速，我們陷入車陣當中。世杰

坐在後座正中間,他身子往前探,看了看說:「要不要切到左邊的車道,那邊好像比較快一點。」

「不用,過一會兒兩邊就平衡了。」積木搖頭解釋,「前方車輛會注意到左車道比較快,有很多跟你一樣想法的人會往左切。左邊車道的車子變多,我們車道的車子減少,兩邊車速就會趨近平衡。」

「甚至有時候會發生類似欠阻尼(underdamping)的現象。」我補充一句。

「那是什麼?」世杰問。

「你數學不是很強?」欣妤吐嘈後解釋,「太多人往左切,造成左車道不但速度減緩,最後比我們的車道還慢。左車道的人看到這樣,又有一些人往右切,把我們的車道速度降慢。再一些人往左切,來回震盪好幾次,兩邊車速才會平衡。這就叫做欠阻尼、或是過度震盪現象。」

從窗外望去,彷彿是刻意要驗證我們的理論,左邊的車子逐漸減速。

「看吧,積木我厲害不厲害~」欣妤得意地說。

積木點點頭,我有種回到高中教室的感覺。

「欣妤為什麼不跟著積木出國唸書啊?」世杰發問。

「對啊,你們那麼恩愛。」好像在合作反擊,小昭跟著附和。

「你們沒聽過小別勝新婚嗎?」欣妤回答。

「半年不算小別吧。」

「什麼時候輪得到你來定義『小別』的時間有多長了。」

世杰摸摸鼻子,很難有人鬥嘴能贏欣妤。積木緩緩踩下油門,用彷彿講別人事情的口吻說:「欣妤從高中就去養老院幫忙,幾位

超展開數學約會

老爺爺老奶奶對欣好很好,她捨不得離開他們太久,一年後等我在國外一切都安頓好,她就回來了。」

「好有愛心噢。」小昭跟世杰異口同聲。欣好跟小昭說「哪有」,再瞇起眼睛對世杰說「干你屁事」。世杰一臉錯愕地看著我,我只能聳聳肩,對他受到的差別待遇表示遺憾。

下午抵達台南,我們(正確地說是積木)包下整棟民宿。

「孝和跟世杰睡樓下左邊,我跟積木睡樓上左邊那間,小昭睡右邊那間。」欣好分配房間。

「我為什麼不能自己睡樓下右邊那間?」

面對世杰舉手發問,欣好回答:「可以啊,一個晚上 4200 加一成服務費。」

「空著也是空著⋯⋯」

世杰嘀咕,原本以為是和小昭的兩人跨年之旅,現在變成一群人,他一定很不是滋味。

在民宿休息片刻,我們外出覓食。在台南找美食一點也不難,只要看哪裡有排隊人潮,接上隊伍尾端就好了。

「用數學語言來說,就是人潮與好吃程度呈正相關。雖然在地人可能不這麼認為。」

我們此刻在一間生意非常好的店,彷彿全台南的觀光客都擠來這間,店裡開了好幾個櫃檯,三四條大排長龍的隊伍。

「有很多店聽說是被炒起來的,當地人常去的小吃攤反而藏在小巷子裡,觀光客都不知道。」

「被守護的店家不會感到無奈嗎?明明做得比較好吃,卻被當

成祕密而無法生意變好。」

接著世杰的自言自語，積木說：「所以不太可能這樣，比較可能的模式是：有一間店很好吃，然後好吃跟名聲正相關，人潮增加。生意變好對店家來說是個考驗，一天做 10 份，跟一天做 1000 份，要維持同樣的品質，是完全兩件事。後者牽扯到更多的系統化管理，包括備料等等，不能只憑直覺去做。某些店家通過考驗，進入新的階段，成為歷史悠久的名店。有些店家無法通過這個階段，只靠過去的名聲支撐，漸漸走下坡。同時，又有一群人不喜歡人多的餐廳，他們發掘新店家，重複剛剛的過程。」

「不虧是集團接班人，竟然在排隊的時候上起企業管理。」

「這跟彼得原理有點像：在企業中，員工會因為表現好而被升職，一直升到他的能力無法負荷的位置，所以公司裡每個人都在不適合自己的職位上。餐廳也是，因為表現好而生意增加，直到無法負荷。公司比較不容易開除員工，但客人很容易流失。所以長期來說，餐廳終究會回歸到它最適合的規模。」

欣好勾著積木的手說：「我記得 2010 年的搞笑諾貝爾獎，還提出隨機升職員工，平均來說對公司來說是最好的策略。裡面用了統計物理的分析。」

我們一言一語討論起來，腳步隨著隊伍前進，一陣子後我注意到世杰跟小昭都沒說話，我用眼神詢問，世杰小聲跟我說：「你們這群人對話都這樣的嗎？排小吃攤的閒聊也要這麼數學嗎？」

「你到現在還是沒看《超展開數學教室》對吧？」

世杰搖搖頭，然後像是想起什麼似地說：「不過我有幾次在捷運上看到有人在看。」他看看左右，「運氣真差，別的隊伍都比我們前進得快，這跟開車不一樣，又不能變換車道。」世杰說到一半

停下來，用遲疑的口吻問：「該不會這也有數學可以解釋吧？」

「沒錯，因為——」

「好巧噢！！！」

熟悉的聲音，世杰的表情靜止了，我轉頭一看，阿叉撥開人群走過來。

「我們還沒去民宿，想說先來買吃的，結果就遇到你們。積木好久不見！」

阿叉跟積木和欣妤熱烈地聊了起來，小昭看到阿叉似乎也很開心。

「原來空房是因為阿叉，還有比這個更衰的嗎……」世杰小聲地呢喃。

「嗨，你也加入我們的數學旅行團嗎～」

阿叉轉過來跟世杰打招呼，世杰嘴角像是掛了剛剛吃的小卷，沉重到無法做出微笑的動作。

「我來介紹一下，這位是我女朋友商商。」阿叉繼續說。

世杰瞬間恢復精神。

「你女朋友？！」

「對啊，他們沒跟你說嗎？現在的女朋友，幾年後的太太。」

世杰露出比商商還燦爛的笑容。

「每次看學長跟商商姐都覺得好登對噢。」小昭說。

「我跟積木呢？應該更登對吧！」

話題逐漸往噁心的方向偏去，我趕緊拉回來。

「世杰你剛說我們運氣很差，排到比較慢的隊伍對嗎？」

「不是運氣差啊，本來機率上就比較可能會排到慢的隊伍。」

阿叉插嘴解釋。「有兩種說法，第一種是最快的隊伍只有一條。N條隊伍中只有 1/N 的機率會被排進去。其他時候你都會看著別的隊伍往前走。另一種說法是比較慢的隊伍人數比較多，所以當你隨便被分配到一列隊伍，進入慢隊伍的機率比較高。」

「阿叉的數感進步很多哎。」積木發出讚嘆。

## 在神社裡算數學

吃飽後，我們到處晃晃，晚上來到林百貨的頂樓神社，大家聊起高中畢業旅行。那時候同樣在積木的贊助下，我們跟雲方老師一起去了日本關西的大阪、京都。

「老師一直說要去北野天滿宮，我們原本以為他想去，是因為那是供奉教育之神的神社，搞半天才知道他是想去看數學題目。真的很誇張。」

阿叉講起這段往事，大家都笑了，我跟世杰和小昭解釋：「日本有些神社裡會掛匾額，上面寫著數學題目。」

「掛數學題目？」小昭似乎覺得非常不可思議。

商商熱愛歷史，對於這段日本特有的和算文化也很了解，她難得主動開口說：「日本江戶時代的數學，就像圍棋、茶道一樣，有分流派，數學家彼此之間也會競技較量。方法就是把自己設計的數學題目，奉納在神社裡。將想奉獻給神明的物品以畫的方式呈現，是日本的習俗。數學家最寶貴的當然是自己嘔心瀝血的數學作品。其次，神社人來人往，當其他數學家造訪這座神社時，就可以看見自己出的題目，來一場數學較量。」

世杰跟小昭聽得目瞪口呆。

「這樣的匾額叫做『算額』，出題數學家會回來批改大家的解答。解出來了，會在解答上寫下『明察』。日本各地現在有九百多塊算額，大多是幾何題目。」

「為什麼？」

「詳情我也不太清楚，或許是因為幾何作圖兼具美感吧。光是上次我們去的京都北野天滿宮，就有兩幅算額。可惜不是每個神社人員都知道算額多珍貴，兼具文化、數學、藝術。很多算額並沒有保存得很好，天滿宮有一幅算額甚至是在某一幅畫剝落後，才露出底下的數學。」

「啊～～～講得我好想再去一次日本噢。」

阿叉伸出手摟著商商，「積木再安排一次日本之旅吧，找老師也一起去。」

積木點點頭，對世杰和小昭說：「你『們』也可以一起來噢。」

「哈哈，『們』這個字是故意下重音的嗎？沒有複數就不能一起噢。」

阿叉笑得很大聲，跟在高中教室裡的畫面一模一樣。

只是嘲笑的對象從老師，變成這對曖昧中的小倆口了。

# 13

# 超展開數學旅行團 II

積木用烹飪節目主持人的口吻講解溫泉蛋製作流程,他按下碼錶。
「首先,將 7 顆蛋整顆浸泡在沸水 3.5 分鐘。」
碼錶響起,他把雞蛋撈到有冰塊的水盆裡,第二次按下碼錶。
「等 20 分鐘。」
「就可以吃了嗎?」
「還要放在 62 度的溫水裡 30 分鐘,最後再用冰水浸泡。
數學家葛立恆(R. Graham)曾說過,
數學的最終目的就是不需要聰明才智的思考,
用在烹飪也是一樣的道理,不需要大廚也能做出一手好菜。」

世杰

嗅嗅

這次算你們幸運能一起吃到，以後只有我能獨享。

早安。

好香..是小昭在幫大家做早餐嗎？

在國外住久了，三餐都習慣自己料理。一開始最不習慣的就是單位。

單位？

美國不是用公制，像他們的重量是磅、盎司，容量也是盎司，還有加侖。

是0.4536公斤，1盎28.35克。如果是容話，1盎司是29.57，1加侖是3.785公星巴克大杯是16盎大約是480毫升的。比一般飲料站的500毫升要小一點

滔滔不絕

噗！

是說這兩桶水，是要做生物課實驗嗎？

超展開數學約會

　　清晨七點，我被咖啡香味喚醒。小昭在幫大家做早餐嗎？好賢惠。這次算你們幸運能一起吃到，以後只有我能獨享。
　　「啊，是你……」
　　「早安。」
　　穿著圍裙的積木跟我打招呼。
　　「在國外住久了，三餐習慣自己料理。一開始最不習慣的就是單位。」
　　「單位？」
　　「美國不是用公制，所以像他們的重量是磅、盎司，容量是盎司、加侖。溫度就是我們熟悉的華氏。」
　　我是在星巴克學到盎司這個單位，但 1 盎司是幾克還真的沒想過。
　　「1 磅是 0.4536 公斤，1 盎司是 28.35 克。如果是容量的話，1 盎司是 29.57 毫升，1 加侖是 3.785 公升。星巴克大杯是 16 盎司，大約是 480 毫升的容量。比一般飲料店的中杯 500 毫升要小一點。」
　　我邊聽積木講解，邊喝了一口黑咖啡，嗯，咖啡因一定很夠，否則一早聽到這麼多數據，我都要睡回籠覺了。電熱片上有鍋水在沸騰，旁邊還有兩鍋水，一鍋放滿冰塊，一鍋裡插了溫度計。
　　「這麼多溫度不同的水，是要做生物課實驗嗎？」
　　你知道的，一手放進熱水，一手放進冰水，隔一陣子後再同時放入溫水中。此時一手覺得熱，一隻手覺得冷。積木困惑的表情告訴我他不懂我在說什麼。
　　「我要做溫泉蛋。你看過《Modernist Cuisine》這本食譜嗎？中文版書名是《現代主義烹調》，是微軟的前技術長 Nathan Myhrvold 寫的，用科學的方式介紹烹飪，包括偏微分方程式，有些地方還得

用專業數學軟體輔助計算。」

積木用烹飪節目主持人（不是傑米・奧利佛的熱情風格，比較接近 60 年代老三台的感覺）的口吻講解溫泉蛋製作流程。他按下碼錶。

「首先，7 顆蛋整顆浸泡在沸水 3.5 分鐘。」

碼錶響起，他把雞蛋撈到有冰塊的水盆裡，第二次按下碼錶。

「這次要等 20 分鐘。」

「然後就可以吃了嗎？」

「還要放在 62 度的溫水裡 30 分鐘，最後再用冰水浸泡。然後，用湯匙背面敲破蛋殼。」

我轉頭看看時鐘，這時間都夠我回去作一個夢了。難怪他得七點起來準備早餐。

「溫泉蛋好好吃噢～～～」

早餐桌上，所有人對積木的數據派溫泉蛋讚不絕口，特別是小昭，吃的時候還露出了幸福的表情。

「可以再跟我說一次那本書的名稱嗎？」我改變想法，小聲問積木。

「我寄一套給你吧。」

積木用湯匙背面敲著蛋殼說：「數學家葛立恆（R. Graham）曾說過，數學的最終目的就是不需要聰明才智的思考（The ultimate goal of mathematics is to eliminate all need for intelligent thought），用在烹飪也是一樣的道理，不需要大廚也能做出一手好菜。」

超展開數學約會

## 鑲嵌的藝術

　　早餐吃飽後，我們四處逛逛。半天下來，我覺得一座城市的價值不在於有幾座摩天大樓或幾間華美的百貨公司。一座偉大的城市，應該是在發展的同時也尊重過去的歷史。穿梭在新舊建築交錯的街道，我感受到台南的文化就像樹根一樣，在看不見的地方生長蔓延。

　　「你的意思是，就像音樂背後的數學式子一樣嗎？」

　　我跟孝和走在隊伍的最後面，他給了一個破壞氣氛的答覆。他繼續說：

　　「數學家西爾維斯特（J. Sylvester）曾說過『難道不能形容音樂是數學的感性，而數學是音樂的理性？（May not music be described as the mathematics of the sense, mathematics as music of the reason?）』，五線譜就是將時間的波動以頻率形式表達。你記得信號與系統期中考的『傅立葉轉換』嗎，就是在講這個啊。」

　　「考完的東西沒有必要浪費大腦空間記著。」

　　「不失為一個跟小昭的聊天話題？」

　　「也是，算是破壞文青氛圍的賠償費。」

　　大家在前面停下來，他們在討論一間老屋的鐵窗花。

　　「磨石子地板、馬賽克磚牆、鐵窗花，我好喜歡這些上個世代的風格。」

　　小昭興奮地說。對嘛，這個喜好不是正常多了嗎，幹嘛要喜歡數學。

　　她看見我跟孝和走過來，繼續說：「它們裡面用到好多幾何元素，透過藝術呈現數學另一個樣貌，好棒噢。」

　　好吧，這才是我認識的小昭。商商用手機拍照，手機上的扭蛋

公仔晃啊晃,看起來好像是⋯⋯拿著蛇矛的張飛?她對小昭說:「那妳會喜歡土耳其。伊斯蘭的宗教信仰認為『重複出現』的幾何圖形象徵真主無限的創造能力,所以到處都可以看見所謂的『阿拉伯花紋』。」

「啊!老師以前在課堂上說過的那種,利用白銀比例可以做出來的花紋嗎?」

阿叉發問,商商點點頭,用手機找了幾張阿拉伯花紋給我們看。我確定真的是張飛跟他的蛇矛沒錯。為什麼這麼,嗯,可愛程度僅次於小昭的女孩會用這種吊飾?小昭湊上去看,她問:

「白銀比例是什麼?又在這個花紋裡的哪裡呢?」

「白銀比例是 $\sqrt{2}+1:1$,大約是 2.414,它藏在這些菱形中,每一塊菱形的兩條對角線,比值都是 2.414。然後你看這幾塊幾何圖案會形成一個正八邊形,它的對角線長度跟邊長比值,也是 2.414。」

「白銀比例,就像樹根一樣在阿拉伯花紋底下生長、蔓延。」

阿叉對我眨眨眼。他什麼時候聽到這些的!欣好把手機放到大家面前,「我覺得阿拉伯花紋太複雜了,我個人還是比較喜歡用黃金比例做出來的 Penrose 鑲嵌。」

欣好手機上是一張複雜但規律的幾何圖形,仔細一看,阿拉伯花紋裡藏了很多正八邊形,但欣好說的 Penrose 鑲嵌是很多正五邊形。我說:「黃金比例的值是 $(1+\sqrt{5})/2$,趨近於 1.618,恰恰是正五邊形的對角線與邊長比值。」

所有人都往我這看過來,好像我剛做了什麼很奇怪的事。

小昭露出欽佩的眼神,阿叉發問:「然後呢?」

「沒⋯⋯然後了?」

「Penrose 看起來是由兩種圖形組成的,這兩個圖案跟黃金比例

有什麼關係？」

阿叉指著手機螢幕，我瞇起眼睛一看才發現，整張複雜的鑲嵌全部都是由兩個基本圖案構成。我支支吾吾答不出來，欣好在旁打岔：「這兩種圖案叫作飛鏢（Dart）與風箏（Kite），它們的長邊與短邊比值就是黃金比例，阿叉的問題太簡單了，世杰不屑答吼。」

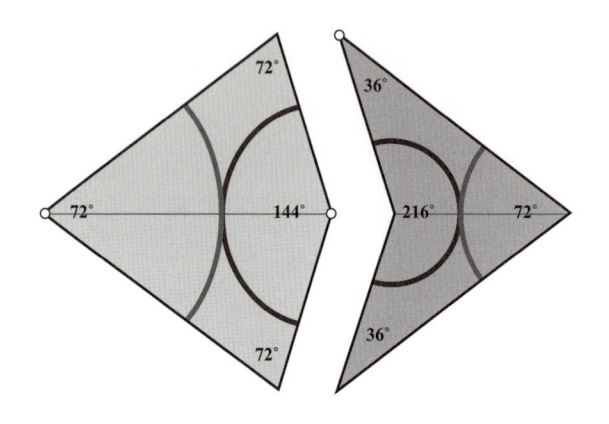

「說起鑲嵌，還是艾雪的創作最獨一無二了。」孝和開口說。

所有人都紛紛點頭。我感覺自己不小心闖進品酒會，每個專家都說這支酒很棒，「我也很喜歡艾雪。」

我邊跟著點頭邊跟小昭說，她瞪大了眼睛，不知道我跟她一樣其實什麼都不懂。

我們一行人走進一間以計時收費的咖啡廳，牆邊擺滿各類日文、英文雜誌，從自助飲料區拿飲料就定位後，大家繼續剛剛的艾雪話題。我在一旁偷聽欣好跟小昭解釋什麼是「鑲嵌」。

「鑲嵌就是用一種或好幾種幾何圖形來鋪滿平面。像以前學校教室的地板有很多正方形，就是用正方形做鑲嵌。Penrose 鑲嵌是用

飛鏢與風箏來鑲嵌。艾雪厲害的就是他用來鑲嵌的不是幾何圖形，而是鳥、蜥蜴等各種動物。」

我用手機搜尋艾雪，「好強！！！」我發自內心讚嘆，第一次看見這麼驚人的藝術創作，幾隻一樣的蜥蜴緊緊貼在一起，毫無縫隙。

「真的跟數學有關嗎？」

「我不知道艾雪有沒有用上數學，不過普通人一定要計算，才能做出鑲嵌畫。」孝和用櫃檯借的紙筆，邊畫邊解釋。

「將正方形等分成四個區域。再從大正方形的正中間切割，**切割的線段每經過一個區域，就要同時在其他三個區域做出對應的分割線段，畫出它們的『鏡像』。**」

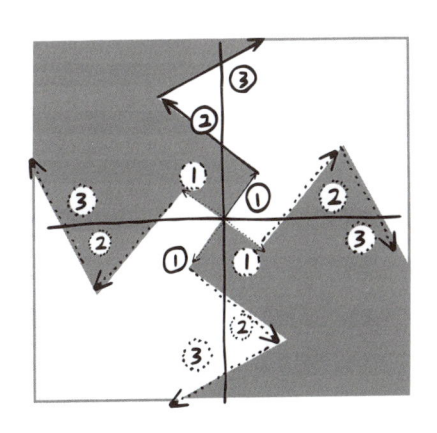

他從中心畫了一條往右上的線段，接著把紙張旋轉90度、180度、270度，各畫出一條一模一樣的線段。四條線以互相垂直的姿態，從中心往外擴散。孝和用類似的方法繼續畫，邊說：「你們看，鏡像限制了圖形的發展，也因為這樣的限制，設計好的圖形得以彼

此鑲嵌。雖然看起來有四條從中心點出發的線，但其實我們只設計了其中一條。往另外方向延伸的其他三條都是因為鏡像自動產生。艾雪的鑲嵌畫就是以此為基礎，加上一點藝術細胞，以及更複雜的數學所完成。小昭想試試看嗎？」

　　才短短幾分鐘，孝和就畫出一張雖然藝術感完全不能跟艾雪比擬，但看得出影子的作品了。孝和將筆遞給小昭，小昭認真研究孝和的作法，跟著一筆一筆畫。我站起來走向櫃檯，跟他們再要了幾張紙，想起早上積木跟我說的話。

　　數學的最終目的就是不需要聰明才智的思考。

# 14

# 賽局愛情建議：
# 主動出擊

「兩個人會不會在一起，不只是她喜不喜歡你，
你有多喜歡她也很重要。
有很多狀況是男生很喜歡，一直追求，女生就會答應了。
就好像兩個人如果平均 60 分的喜歡就能在一起。
只要你有 99 分的喜歡，她就算只有 21 分的喜歡，
這樣平均也有 60 分啊。」
「21 分能稱為喜歡嗎？」
「可以啦，負分才算是討厭。」
我遲疑了幾秒，還是說出想法：
「不應該用算術平均數，幾何平均數比較合理。」

咚！

啊～所以啊，世杰你現在打算怎麼辦？

我也不知道。

我們很要好，可是好像中間總是有一條線跨不過去。

我原本以為是因為你，

想說小昭搞不好喜歡你。

這也不是沒可能，對不起。我不是故意的。

莫名令人火大！

現在確定沒有了，可是那條線還沒消失。

『線』到底是什麼？你們不是很常約會，講電話嗎？

是啊，

可是我常常會覺得我們還不夠了解彼此。

例如她不知道你數學其實很差？

刺

超展開數學約會

旅行回來,名為「時間」的列車繼續往前行駛,車廂電子看板顯示馬上要抵達「期末考」這站。這天晚上,我、阿叉、世杰三個人在雪客屋唸書。

「再套克希何夫定律就可以解出來了。」

「原來如此。」

「嘖嘖,連別校的考古題都會解,課本明明不是同一本。」

我在教阿叉算他們系的考古題,世杰在旁邊看得津津有味。或許是剛搞懂一題,阿叉心情很好,他張開雙手用誇張的語氣說:「知識是不會被學校框架給束縛的,戀愛也一樣,你不也是喜歡不同學校的女生嗎?」

「這跟那是兩回事吧。」

旅行後,世杰跟小昭沒有進展,反而他跟阿叉變成好友,有時候還自己約去打球、打電動。今晚唸書也是阿叉問我:「教我電路學,順便找世杰一起吧?」

對此我不意外,說到底朋友就是一群頻率接近的人,如果我跟世杰相似,我跟阿叉相似,數學上的「遞移律」在這邊似乎也能派上用場。

$a=b$,$a=c$,所以 $b=c$

等等,好像不太對。更精確地說,朋友的關係應該是:

$a \approx b$,$a \approx c$,這不代表 $b \approx c$

「近似」不像「等於」一樣是有遞移律的。比方說,$2.4 \approx 2$,

$1.6\approx2$，但 2.4 跟 1.6 相差了 0.8，兩者的距離被拉遠，不一定符合近似的定義了。難怪一個團體裡，不一定所有人都很投緣，而是以一兩個人為核心，大家跟他們近似罷了。

「孝和在幹嘛？」

「想數學吧，你沒看到他頭上有個黃燈閃閃發亮嗎？正在全速運轉。」

「這麼說高中時也有過這種狀況，我們老師跟他兩個人在數學較量，那時候真——」

「刺激嗎？」

「坦白講當時覺得有點無聊。」

「哈哈哈。」

我瞪了他們一眼，心想說不定比起我，這兩個人彼此更相似。

## 又見幾何平均數

雪客屋用啤酒杯裝冰拿鐵，綿密奶泡覆蓋杯口就像啤酒泡沫，大口喝下去非常暢快。阿叉發出暢飲啤酒後的滿足聲。

「啊～所以啊，世杰你現在打算怎麼辦？」

這個問句沒有受詞，但我們都很清楚阿叉在說什麼。

「我也……不知道。我們很要好，可是好像中間總是有一條線跨不過去。我原本以為小昭搞不好喜歡你。」

「這也不是沒可能，對不起。我不是故意的。」

阿叉鞠躬道歉，世杰罵了聲髒話繼續講。

「現在確定沒有，可是那條線依然沒消失。所以我覺得還不能攤牌。」

超展開數學約會

「攤牌,講得好像要單挑。」

「告白啦。」

「『線』到底是什麼?你們不是很常約會、講電話嗎?」我插嘴問世杰。

「是啊,可是我常常會覺得我們不夠了解彼此。」

「例如她不知道你數學很差。」

世杰嘆口氣回答。

「對啊,如果她知道我其實一點都不喜歡數學,一定會很失望。就像哪一天我忽然說,其實我一點都不喜歡打電動,每次都是為了陪你們才打的。」

「我會覺得很感動。」

世杰定格了一秒,他沒想到會聽見阿叉這樣回答。

「兩個人會不會在一起,不只是她喜不喜歡你,你有多喜歡她也很重要。有很多狀況是男生很喜歡,一直追求,女生就會答應了。就好像兩個人如果平均 60 分的喜歡就能在一起,只要你有 99 分的喜歡,就算她只有 21 分,這樣平均也有 60 分啊。」阿叉安慰他。

「21 分能稱為喜歡嗎?」

「可以啦,負分才算是討厭。」

我遲疑了幾秒,還是說出想法。

「不應該用算術平均,要用幾何平均比較合理,99 分跟 21 分相乘開根號的結果只有 46 分。」

「啊?」

世杰跟阿叉同時發出疑惑的狀聲詞,我問阿叉:

「你想想看,兩個人同樣都對彼此有 60 分喜歡,和剛剛你舉的例子,他們的算術平均——相加除以二,都是 60 分,但反應出來的

賽局愛情建議：主動出擊

狀況一樣嗎？」

阿叉搖搖頭，很明顯，對彼此都有 60 分喜歡的男女，一定比一個很愛，一個沒什麼感覺的男女更容易在一起。

「許多交友網站會讓會員填寫問題，問題不僅有自己是怎樣的人，還有希望另一半是怎樣的人。根據答案，網站再去計算每一個會員跟資料庫裡的異性彼此的速配指數，速配指數包括了『女方是否為男方的理想情人』，以及『男方是否為女方的理想情人』。」

「就像金城武是很多人的理想情人，但應該很少人是他的理想情人。」

我有點訝異阿叉沒用自己當例子。

「或是我。」

阿叉聳聳肩，這才是我認識的阿叉。我繼續說下去。

「最後的速配指數就是這兩筆『理想情人指數』的幾何平均數，而非算術平均數。幾何平均數從這個話題切入，應該比螢幕尺寸有趣點吧。」

世杰狠狠瞪了我一眼，阿叉知道有好玩的，立刻追問下去。

「上次有人在燒烤店推導幾何平均數……」

## 主動的人比較容易獲得

「其實你也不知道小昭怎麼想的，男生還是主動一點吧。」

阿叉提高音量，用手指關節敲桌面，服務生的視線往我們這桌投射。

「蓋爾跟夏普利說過，主動出擊的那方才有機會摘下甜美的戀愛果實。」

「誰？」

「兩位美國經濟暨數學家。他們的論點是，舉例來說如果有 3 對男女──」

阿叉拿出筆在餐巾紙上寫著

$$世杰：小昭 > a女 > b女$$
$$y男：a女 > 小昭 > b女$$
$$x男：小昭 > b女 > a女$$

看起來是每位男性對三個女孩的偏好排序，阿叉繼續寫下每位女性對男生的排名

$$小昭：y男 > 世杰 > x男$$
$$a女：世杰 > x男 > y男$$
$$b女：y男 > x男 > 世杰$$

「y 男是誰？」

世杰顯然對這個例子不太滿意。

「不重要啦，不然就當作是我吧，身為三位女孩中的兩位第一名，還滿合理的。孝和你就是 x 男。噢，你也最喜歡小昭！」阿叉咬著筆桿邊確認自己有沒有寫錯，邊回答。

我沒理他，照他的邏輯來看，y 男的第一名 a 女應該是商商，可 a 女最喜歡的是世杰，y 男只是第三名。他的話根本沒討到便宜。

「男生主動出擊，世杰跟 x 男同時去追小昭。雖然小昭很喜歡 y 男，也就是在下我。但因為我去追了 a 女。所以小昭只好接受她心

目中的第二順位世杰。同樣道理，只有我追求的 a 女，會跟我在一起。」阿叉解釋。

在假設女方「寧濫勿缺」的情況下，這個推論才會成立。我在心裡幫阿叉把話補完。

「x 男追求小昭失敗，只好退而求其次去追他的第二順位 b 女。b 女最喜歡 y 男，也就是在下我。沒跟我交往的女孩都最愛我，我真是罪人。」

「多餘的話就省下吧，這樣只會讓推理過程更難理解。」

世杰埋怨，自己推理下去，「所以最後會是（世杰，小昭）、（y 男，a 女）、（x 男，b 女），然後呢？」

「沒然後啦，配對完成了。可是你仔細看噢，你實現了夢想跟最想在一起的小昭交往，y 男在下我，也跟最想交往的 a 女在一起。x 男，也就是──」

我打斷阿叉的話說：「某個不知道的人，跟他的第二名在一起。男生都能和自己的前兩名交往。但女生就沒這麼好運了，世杰是小昭的第二名，x 男是 b 女的第二名都還可以，只有 a 女最淒慘，跟他的第三名 y 男交往。」

「也就是阿叉。」

「哎！怎麼會這樣，例子沒舉好……」

阿叉自言自語，他雖然數學比高中進步很多，但粗心問題依然在，這跟個性比較有關。

我繼續解釋：「所以囉，沒有一個女生跟自己的第一名在一起，還有一個女的無奈到得跟第三名交往。」

「這是要在沒有『就算全世界男生都死光了，我也不可能跟你在一起』這麼偏激想法的前提下吧？」世杰發問，他察覺到了阿叉

漏掉的假設，真不錯。

　　「對，我們假設雙方都是寧濫勿缺。所以 a 女就算只有我這個第三名，她也會收下。不過這不是重點，重點是展開主動攻勢的男生，雖然有告白被拒絕的風險，但最終來看會得到比較好的結果，能夠跟更喜歡的對象在一起。被動的一方，雖然不用花心思追求，只要等著發卡或是點頭就好，看起來很輕鬆，被好好呵護著，可其實最後的結果是比較糟糕的。」阿叉半自暴自棄地回答。

　　這是經典的配對演算法。

　　阿叉振作起來拿了另一張紙解釋，「如果反過來，變成日本高中校園場景，由女生追求，y 男同時收到小昭跟 b 女的情書，在放學後的教室裡拒絕 b 女，再到校舍頂樓答應小昭的告白。a 女跟世杰直接配成一對，被拒絕的 b 女最後找上 x 男。得到了配對結果（世杰，a 女），（y 男，小昭），（x 男，b 女）。男生都跟自己的第二名在一起，有兩個人的對象退步了一名。女生則各自跟的（1，1，2）名交往，結果大幅進步。所以你看，是不是主動的那方會有比較好的結果啊？快打電話給小昭攤牌吧！」

　　世杰盯著計算紙，不理會阿叉在旁邊亂喊「攤牌單挑」，他明明不喜歡數學，但比起我們勸他主動積極，他好像更相信數學的推導結論。數學家萬萬沒想到自己有朝一日會變成戀愛諮商師吧。

# 15

## 對手告白的機率

「倘若兩個人都告白,就算小昭喜歡他們的機率很低,
只有 1/10,小昭都拒絕的機率是 (1-1/10)×(1-1/10)=0.92=81%。
告白者有 N 個,拒絕的機率變成 0.9N。假如 N=10,
都拒絕的機率低到只剩 35%,不是很危險嗎!」
我眼前彷彿出現一幅戰爭畫面,一群男子前仆後繼用告白作為武器,
「小昭城」岌岌可危。
孝和說:「聽起來跟『無限猴子定理』(Infinite Monkey Theorem)很像。
即使是讓一隻猴子坐在電腦前面亂按,只要給他無限多的時間,
也能打出莎士比亞全套。」

人究竟會喜歡跟自己相似，還是跟互補的對象呢？
文青型
定義什麼叫「相似」跟「互補」。
用數字來比喻的話，自己如果是26，相似的就是25或27。
互補的就是...
-26或74，看你互補的定義是相加等於0或100。
74
相似可以用「相減後取絕對值小於一個特定值」，比方說21到31都是相似。你是這個意思嗎？
31
27
26
25
26
不對，如果用上乘法，互補也可以是1/26。
抓頭
不好意思，別人喜歡小昭有這麼重要嗎？
總算察覺到他有多離題了！

超展開數學約會

「期末考的氣氛。」

孝和吐出一口白霧,向來人聲沸騰的廣場靜悄悄,腳踏車從我們面前經過,鬆脫的地磚發出框隆聲響。

「變態筋肉男。」我瞪著手機咒罵。

「偷看陌生人臉書的人才變態。」

「穿吊嘎自拍還設公開。」

我按下檢舉貼文,點選「這令人討厭且很無聊」。不得不說,臉書有時候真了解使用者的想法。我們倆坐在長凳上打發時間。我邊逛小昭臉書,邊回想前幾天阿叉的話——

「再不主動點不行啦,小昭在我們學校很紅,很多人在追她。」

「真的嗎?」

「你沒看她臉書嗎?她每則動態都很多男生按讚留言。」

我不好意思說出口,以前我眼裡只有阿叉這位頭號假想敵。回去認真研究幾天後,我發現小昭受歡迎的程度根本是校花等級。師大六月五號是校慶,同時也是西瓜節。當天人們可以送紅色西瓜給暗戀對象表達心意,是個不用說話也能告白的絕佳時機。雖然是幾個月後的事,但據說師大有個地下賭盤,賭小昭當天宿舍門口排隊的人潮有幾公尺。

「我壓 30 公尺。因為一個人排隊約占 60 公分,大概有 50 個人會來告白。」

「50 個人?!」

「我算是估得保守的了。不過這些人都沒機會。」

阿叉語鋒一轉,「排隊這件事,一做就沒勝算了。你看過白馬王子排隊去拉長髮公主頭髮,或拎玻璃鞋去試灰姑娘的尺寸嗎?」

我同意他的話,我的理論是:愛慕者跟種姓制度一樣有階級區

分：只能遠望，偶爾在夢中說上一句話就開心到半夜失眠的後援會階級；被女孩叫得出名字，在路上遇到會打招呼但也僅止於打招呼的「再聊下去我就要說先去洗澡囉」階級；還有一起唸書、互相用 LINE 傳有趣文章的最高階級。

根據小昭的臉書狀況，我發現大多數人都是次等階級，只有兩位需要特別注意的傢伙，姑且稱為筋肉與文青。

## 無限隻猴子跟小昭告白

「人究竟會喜歡跟自己相似，還是跟互補的對象呢？」

我滑動筋肉與文青的照片，兩個完全不同類型的敵人，唯一共通點是長得帥。

「你能定義一下什麼叫『相似』跟『互補』嗎？」

孝和轉頭問我，我們走在回系館的路上，我喝了口剛剛買的熱咖啡，好燙。

「用數字來比喻的話，自己如果是 26，相似的就是 25 或 27。互補的就是……」

「-26 或 74，看你互補的定義是相加等於 0 或 100。相似可以用『相減後取絕對值小於一個特定值』，比方說 21 到 31 都是相似。你是這個意思嗎？」

我點點頭。一轉換成數學，孝和就可以精準定義。

「不對，如果用上乘法，互補也可以是 1/26。不好意思扯遠了，別人喜歡小昭有這麼重要嗎？」

這傢伙總算察覺到他有多離題了。

「當然，倘若兩個人都告白，就算小昭喜歡他們的機率很低，

超展開數學約會

只有 1/10，小昭都拒絕的機率是 $(1-1/10) \times (1-1/10) = 0.9^2 = 81\%$。告白者有 N 個，拒絕的機率變成 $0.9^N$。假如 N=10，都拒絕的機率低到只剩 35%，不是很危險嗎！」我不滿地回答。

我眼前彷彿出現一幅戰爭畫面，一群男子前仆後繼用告白作為武器，「小昭城」岌岌可危。

「聽起來跟『無限猴子定理』（Infinite Monkey Theorem）很像。」孝和說。

不等我發問，他繼續解釋。

「無限猴子定理是一個關於『無限』的有趣譬喻。一隻猴子坐在電腦前面亂按，只要給牠無限多的時間，牠就能打出任何你想要的文章，例如莎士比亞全套。以你擔憂的點來說，就算小昭其實想出家，只有非常小的機率答應告白。但如果有無限多男生，小昭終究會接受某一個人的告白。」

「沒錯！很恐怖吧！」

幾分鐘後走進系館，我才意識到孝和在諷刺。回到我們唸書的討論室裡，他安慰我：「往好的方面想，現在 N=2。而且也不是他們都喜歡小昭。」

「直覺告訴我至少有一個喜歡。」

孝和歪頭想了一下，走到白板前。

「那我們來算算看給定你的直覺成立下，兩個人同時喜歡小昭的機率吧。我們用喜歡＝○，不喜歡＝╳來表示（筋肉，文青）對小昭的狀態。就照你說的至少有一個人喜歡，共有（○，╳）、（╳，○）、（○，○）三種狀況，最後一種是兩人都喜歡小昭。假設兩個人喜歡小昭的機率都是 p，且是獨立事件，則分別是 $p(1-p)$、$(1-p)p$、$p^2$。給定至少有一個人喜歡小昭的條件下，兩個人都喜歡小昭的

條件機率是分母 $(p-p^2)+(p-p^2)+p^2=2p-p^2$，分子 $p^2$，也就是 $p/(2-p)$。如果是 p = 10%，同時喜歡的機率就是 5.3%，如果 p = 90%，就是高達了 82%。」

看到我一臉困擾，孝和說：「p 不理解的話，直接假設三種狀況的機率均等，各占 1/3 好了，這樣就和丟只有三面的公平骰子一樣。又不是國小學生，怎麼會對代數感到困擾呢？」

我正準備回嘴，手機傳來臉書的提醒，小昭更新動態了。

「噢噢噢！爽啦，考前還告白，妨礙準備考試的人會被馬踢，活該失敗。」

「妨礙戀愛才會。」

孝和邊說邊湊過來看。小昭的臉書上放了張街景，一旁文字寫著：

「或許只有謝謝不夠。但很抱歉，能說的也只有謝謝了。」

有人被拒絕了，不知道是筋肉還是文青。

「短短幾個字裡就送出兩張感謝卡，哈哈。」

我開心得不得了，考試怎樣都無所謂了。孝和走回白板說：「這下子，此刻另一位對手也喜歡小昭的機率從 1/3 變回 1/2 了。」

怎麼會變成這樣？

「等等，剛才我們推完，已知至少一人喜歡的情況下，兩人同時喜歡小昭的機率是 1/3。現在一個失敗了，另一個也喜歡的機率應該就是 1/3 啊。」我提高音量發問。

孝和沒有直接，他反問我：

「高中機率有兩道經典題目：

1. 已知某家有兩個孩子，且至少有一個兒子。求兩個都是兒子的機率？

2. 已知某家有兩個孩子，登門拜訪，開門的是兒子，求兩個都是兒子的機率？」

我想也沒想就回答：「第一題是 1/3，第二題是 1/2。」

「為什麼第二題是 1/2？」

「生男生女的機率各一半且各自獨立。所以另一個是男生的機率就 1/2 啊。」

「那為什麼第一題是 1/3？」

「就像你剛剛列的，有三種狀況（男，女）、（女，男）、（男，男）——」

我把沒說完的話吞進肚子，原來「兒子女兒問題」和「告白問題」在數學上是一樣的。孝和好像看穿我在想什麼，他說：「沒錯，兒子問題與喜歡問題在數學世界裡是一模一樣。在性別問題裡，第一題到第二題多了一個資訊『開門的是兒子』。在喜歡問題裡，從『至少有一個人喜歡』則是多了『有人告白了』這個資訊。」孝和頓了頓，「（筋肉，文青）的三種感情狀況，原本（○，×）、（×，○）、（○，○）的機率都相等，新資訊讓（○，○）的機率提升的原因是，『一個人喜歡，有人告白』跟『兩個人喜歡，有人告白』，哪個機率比較大？」

我伸出手比了個 2。

「那就是了啦，假如告白的是筋肉，（筋肉，文青）就是（○，×）、（○，○）這兩種狀況。如果是文青告白，（筋肉，文青）就是（×，○）、（○，○）。不管是誰告白都有兩種可能的狀況，而且（○，○）都重複出現在其中。但一開始我們只知道至少有一個人喜歡，（○，×）、（×，○）、（○，○）的機率相等。」

孝和在白板上寫下：

# 15 對手告白的機率

> 至少一個人喜歡： $P(O,\times)=1/3, P(\times,O)=1/3, P(O,O)=1/3$
> 一個人告白了： $P(O,\times)=1/4, P(\times,O)=1/4, P(O,O)=1/2$

「喏，很清楚吧。」

孝和回到位子，留下我盯著白板。不知道是期末考唸太多書讓我腦漿變少，還是這個數學真的太難，我想了半天後雙手一攤。

「假如一開始兩個人喜歡的機率都是50%，則不管誰告白，另一個喜歡的機率依然是50%。還是這樣解釋最簡單，幹嘛要一會兒1/2跟1/4，一會兒1/3那麼複雜。」

聽到我放棄了，孝和用老師口吻回答：「這樣的確可以，但唯有一個問題從不同角度切入都能解釋，才算是真的理解。繞遠路不是為了讓你困擾，是要讓你更清楚問題的不同面向。如果換個解釋方法說不通，那就是還有一部分不理解──」

「好啦好啦，你們數學最好了。」

我自暴自棄打斷孝和，反正我就是數學不夠好，才一直沒追到小昭。

說到底，這半年來為什麼會變成這樣。數學、數學、不管聊什麼都會繞到數學。現在還變本加厲，不僅要我會數學，還要會各種理解方法，這等於是叫一個原本吃素的人先吃喝點牛奶、吃點起士，最後一路哄騙到直接吃馬肉刺身（生馬肉），我在心裡不停埋怨。負面到了極致，一個從來沒想過的點子從腦海裡浮現，我聽見自己的聲音說──

「我要來一場用數學設計的浪漫告白。」

「嘎？」

# 16

## 讓機率決定命運

世界上不存在完美情人。
柏拉圖曾說過,世界上沒有完美的直線,
再精確的尺也只能畫出近似的直線,無限放大後必然會看到抖動。
任何感官能體會到的事物都是表象,是完美的理型的投影。
直線的理型,存在於抽象的數學世界中。
情人的理型,只存在於每個人的腦海裡。
現實中我們尋求的,是最接近理型的情人。

給師大公領系
的小昭

給我的？

這是給我的嗎？

耳機？

和code？

是要我掃描這個嗎？

！！

太好了。

真的被妳撿到了。

超展開數學約會

難得捷運人這麼多。

小昭從電扶梯往下看，每個排隊指示符號前都排了好幾個人。月台上的安全門像是彈珠台底座，隊伍是一排排堆起來的彈珠。小昭這顆彈珠滾啊滾地，有意識地滾到最短的那排。

捷運進站，正在滑手機的小昭用眼角餘光走上車，車廂只剩最前方的三人座有兩個空位，一位女孩靠牆休息，小昭走近準備坐下，她看見一紙粉紅色信封擱在淺藍色座位上，像飄在海上的一艘小船，上面寫了七個字：

*師大公領系 小昭*

這是給我的嗎？小昭左右張望，沒有一個熟人，睡著的女孩感覺起來也跟這封信一點關係都沒有。「我是為了要坐下來才拿信的」，小昭這樣說服自己。信封比想像中沉重，封口沒黏，裡面有一副耳機和卡片。

卡片上畫著 QR code，底下寫了一串數字 0924206105。

在別人看來可能是手機號碼，但小昭一眼就確定這封信是給她的，她感覺到自己心跳變快，她將耳機插入手機孔，掃描 QR code，耳機傳來一聲「真的被妳撿到了嗎？太好了。」

世杰的笑容出現在螢幕中。

\*

# 16 讓機率決定命運

　　小昭，認識妳之前，我常常在想，完美的情人究竟是什麼樣子？

　　我想了好久，有時候作夢夢到了，醒來就趕快記下她的模樣。我覺得自己好像在寫生，景物是藏在腦海深處的她：有著一雙清澈的雙眼，我可以在她瞳孔中看見自己的幸福表情；高挺的鼻子，親吻時我們的鼻尖會微微碰到；總是帶著不刻意的淺笑，像剛喝了一杯喜歡的飲料，那種簡單的滿足的笑容；孝順善良，為了小事感傷，面臨抉擇時有主見。她的身高應該要是 158 公分，據說 12 公分是最佳的擁抱差距。

　　最重要的是，她會像我愛她一樣地愛著我。

　　小昭想起自己身高是 158 公分，在內心高興了一下。世杰坐在咖啡廳，水泥牆面的反光看起來是某個放晴的下午。

　　我後來想通了，關於完美情人，你得列出所有細節，再將它們統整成一個多重最佳化問題。

　　列出來就好了，幹嘛變成最佳化問題？

　　因為世界上不存在完美情人。

　　柏拉圖曾說過，世界上沒有完美的直線，再精確的尺也只能畫出近似的直線，無限放大後必然會看到抖動。任何感官能體會到的事物都是表象，是完美的理型的投影。直線的理型，存在於抽象的數學世界中。情人的理型，只存在於每個人的腦海裡。現實中我們尋求的，是最接近理型的情人。

　　我們想最佳化好幾個目標函數，或是說，想找到一位情人能在各方面都最接近理型。

超展開數學約會

　　然而現實中常常事與願違，我有一位朋友遇見了外表完全是他喜歡的類型，但現在同時有兩位男友，他只能排到星期六下午三點到五點，跟吃到飽下午茶的時段差不多。另一個朋友找到一位很聊得來的女孩，但他始終因為外表而沒展開追求。

　　現實生活中，我們將多重最佳化改成階層最佳化，把目標分等級，依序追求，先是個性、再來是外表、再來是喜不喜歡狗⋯⋯很多人交往後感情生變，很大一部分就是階層最佳化的順序改變了。交往前最在意的是長相，但交往後相處卻認為個性最重要，原本喜歡的對象就變得不再那麼美好。

　　這是妥協的下場，奈何我們只能跟這個下場妥協。

　　小昭沒完全理解世杰的話，她想一口氣看完影片，提醒自己等等要再聽一次。

　　更別提，就算退而求其次，存在一位階層最佳化的情人，暫且稱為最佳解情人，我們也不一定能遇見。

　　我們用費米推論法來算算看。假設最佳解情人住在台灣，台灣17~26歲女性約一百五十萬人。再假設社交網路中，你只會認識朋友的朋友，也就是圖論中的距離2，倘若你有 200 位朋友，每一位認識 200 位這個年齡層的台灣女性。用這麼寬的標準來算，你依然只有 2.7% 的機率會認識最佳解情人。在遇到的那一瞬間，你還要立刻知道就是她，而且還要剛好你們身邊都沒有對象。

　　統一發票 200 元的中獎機率是千分之三。2.7% 的機率大概就相當於拿了 9 張發票，其中至少要有一張中獎。

# 16 讓機率決定命運

　　始終維持同個姿勢的世杰，忽然從桌子底下拿出一張字卡

$$1-0.9979\approx 2.67\%$$

　　正確的式子是這樣，要用全部扣掉每一張都沒中的機率，只是千分之三太小了，所以在這用 $0.3\%\times 9$ 近似是可以的。

　　小昭笑出來，在這時候還計較數學的細節。

　　也就是說，儘管每個人都花了一生的力氣在尋找真愛，但這大概就是不小心放在口袋裡的好幾張發票中獎機率的總和。對一般人來說，不太可能會中獎吧。

　　世杰低下頭好幾秒，小昭一度以為網路訊號不良。在抬起頭時，世杰笑得很燦爛很開心，他說：

　　我不僅中獎了，而且是頭獎。

　　那是一個普通的早上，我坐在早餐店吃我的蛋餅，
　「你不覺得用（3，4，5）直角三角形會更好嗎？」
　　我順著聲音看見了妳，臉上掛著淺淺的微笑，不刻意，像剛喝了一杯喜歡的飲料，那種簡單的滿足的笑容。妳對這奇蹟的一刻彷彿渾然無所覺，妳不知道，我的情人理型以最不失真的角度立體投影在這個空間內，以粉紅上衣，搭配淺綠長裙的樣貌出現。

超展開數學約會

之後我們越來越熟，我察覺到自己犯了根本上的錯誤。柏拉圖說現實生活中不可能有一條完全筆直的直線，它只存在於想像中。而我也總以為愛情是追逐一個想像，是情人理型在現實生活中的投影。但情人跟一條直線不一樣，情人是主觀的，有很多細節想像不到，唯有相處、經歷後才清楚。因此想像中不可能有完美的情人，情人的理型是茫茫人海中的某位女孩，腦海裡的想像只是投影，讓我們用來按圖索驥，去尋找理型，那一位對每個人來說都是獨一無二的另一半。

影片忽然結束。小昭按了按螢幕，確認不是網路太慢，她覺得不應該就這樣沒了。這時，聲音從耳機外面傳來，她的眼前站了一雙熟悉的鞋子，那是他們去挑西裝時順便買的。

「我中的不是頭獎，是任何一個單位都無法兌換給我的超級特獎，屬於我的情人理型。」

彷彿從螢幕裡走出來，世杰緩緩說出影片裡沒說完的句子。

「我喜歡妳，小昭。跟我在一起好嗎？」

小昭覺得自己眼眶濕濕的，眼前景色變得模糊。還在想要怎樣才能不哭，她先聽見自己的聲音伴隨著啜泣。

「哪有人這樣告白的！如果我沒上這班車，沒走進這節車廂，沒坐在這個位子上，那不就錯過了！」

世杰坐下來摟住小昭，小昭覺得很溫暖，原來靠在喜歡的人身上，會有這麼幸福的感覺。

「如果是這樣，就是命吧。」

「這種說法太狡猾了！」

「為什麼？」

# 16 讓機率決定命運

「因為……人家不想錯過你的告白嘛。」

說完這話，小昭臉都紅了，她害羞地把整張臉埋進世杰的肩膀。

世杰拍著小昭的背，心裡小聲地說：

「妳絕對不會錯過的。」

## 一週前

「如果有人跟你要一筆錢，跟他買下週會開的樂透號碼，你會買嗎？」

世杰、孝和、阿叉，還有孝和的朋友在咖啡廳裡討論該怎麼告白。三人聽完孝和的問題都搖搖頭。

「假如有種 10 個號碼的樂透，0~9 個數字選一個，每週開一次，詐騙集團只要找到一萬個人的個資，就可以進行一場完美的詐騙。」孝和說。

「我們是在討論告白哎，我的告白跟詐騙為什麼會扯上關係啊。」

孝和不理世杰的抗議繼續說：

「第一週，詐騙集團將一萬人分成 10 組，寫信跟他們說自己是樂透商的工程師，可以控制開獎號碼，再分別告訴他們這週會開 0 號、1 號、2 號……一直到 9 號。這週開獎完會發生什麼事？」

「有 9000 個人會把信扔掉，1000 個人會……半信半疑。」

「沒錯，第二週再把 1000 個人分成 10 組，每組 100 個人，再分別告訴他們這週會開 0 號、1 號、2 號……」

「這樣第二週後就有 100 個人會收到連續兩週都中獎的號碼！」

世杰也領悟詐騙原理了，按照這種分法下去，第三週有 10 人收

到連續三週都中獎的號碼,第四週有 1 人收到連續四週都中獎的完美預測。

「假如你是那個人,現在詐騙集團跟你要一筆錢,才告訴你下一週的樂透號碼,你願意付嗎?」

世杰跟阿叉交換眼神,他們無法像剛才那樣信心滿滿地說不可能了。

「這就是機率的奧妙,從一個角度看起來完全不可能,另一個角度卻是一定發生的必然。你的告白就要是這樣,讓小昭看起來一切都是緣分,你的告白信件送到她手中的機率微乎其微,但就是發生了。」

在他們的計畫中,欣妤先跟小昭約週末上午,這時捷運人比較少,比較好進行計畫。知道小昭幾點要跟欣妤碰面,就可以逆推出她搭捷運的時間。

「我去 PTT 打工板僱人。」

世杰打開電腦去 PTT 發文,他要把月台上每個進車廂的入口都塞滿,只有靠近小昭會搭的手扶梯附近,有一個入口排特別少人。這麼一來,就可以確定小昭一定會從設定好的車廂入口上車。

「再來還要僱一群人,把入口附近的位置都坐滿,快到站時再讓出兩個位子,把信放好。」

聽見孝和這麼說,阿叉舉手發問:「可是不確定小昭會在什麼時候搭捷運,前後會有 2、3 班的誤差。」

世杰按下文章編輯,跟詐騙集團的手法一樣,只要增加被詐騙的人數,就可以保證有一個人會收到很多次的正確預測。只要增加工讀生人數,把連續好幾班的車廂都坐滿,再多準備幾封信,就一定可以讓小昭看見。

## 讓機率決定命運

「你多準備幾封信給我,人手我來幫你處理吧。」

一直沒說話的孝和朋友此刻忽然開口,他轉頭對孝和說:「你找我來就是要我幫這件事吧。」

孝和笑說:「對啊,雖然找工讀生可以解決,可是捷運上的事情還是你比較有辦法。」

朋友露出理所當然的表情,他看起來跟世杰他們年紀差不多,可是卻多了幾分社會歷練的氣質。朋友拍拍世杰的肩膀,說:「這件事還滿好玩的,你啊,這次不要在燒烤店裡在講幾何平均數了,好好告白吧!」

世杰眼睛睜得老大瞪著孝和,孝和揮揮手表示不是他說的,事實上還是反過來,賴皮告訴孝和的。阿叉在旁邊自言自語:「告白不是女生才會做的事嗎?」

## 你喜歡數學嗎?

世杰跟小昭兩人靠在一起,沒去管捷運到了哪一站,也沒說話,彷彿是要把從很久以前就積欠著的擁抱,此刻一併補清。眼前一亮,捷運從地底鑽出來,上了高架。世杰聞到小昭的髮香,他覺得自己此刻是全世界最幸福的人。

「在想什麼呢?」

「在想我是全世界最幸福的人。」

小昭笑了笑:「我也很幸福⋯⋯只是,我有一件事想跟你說,你不要生我的氣。」

「我怎麼可能會氣妳。」

世杰由衷地這樣想,他覺得他一輩子都會愛著小昭,為了她,

他規畫了這麼一場盛大的告白，跟數學為伍了一整學期，雖然一開始是裝的，但後來他的確感受到數學的趣味，加上對小昭的愛，他相信他可以一輩子都跟小昭聊數學。

「真的嗎？」

「真的，妳說吧。」

小昭深深吸了一口氣。

**「我其實不喜歡數學。」**

「嘎！？」

# 第四部

## 原來你／妳也是……

# 17

## 從早餐店開始的貝氏定理

我很討厭數學,我被它折磨了好幾年,高三那年,
我甚至有好幾次在數學考卷前落淚,不懂為什麼要學這些,
為什麼要會什麼莫名其妙的畢氏定理、三角函數⋯⋯
「三明治有什麼好看的嗎?」
忽然,隔壁把數學講義當報紙配早餐的男生問我。
我耳朵逐漸發燙,快、該說點什麼,這時候一定要說點什麼⋯⋯
「然後我就說了跟畢氏定理有關的直角三角形。」
欣妤喝了口紅茶說:
「所以妳的身分是一位熱愛數學的少女。」

所以妳現在在他面前是一位熱愛數學的少女？

他唸台大什麼系啊？

電機系。

那跟我一樣。哎，等等，妳說他跟我們同屆，那孝和應該認識。

我...才第一次見面，

怎麼能說喜歡或不喜歡？

妳喜歡他對嗎？

不會啊，很多女生第一次見面就跟我告白。

但我只喜歡商商。

他是個很棒的男生。可是他興趣的數學——

「下週見囉。」

「掰掰～～」

世杰踩下踏板，YouBike 的輪子開始轉動。騎沒幾步，他回過頭來，看到我還在原地，他大力地揮揮手，我揮手回應。他的背影漸漸變小，消失在馬路轉角處。

我重重吐了口氣，一摸耳根子，果然整個都是燙的。

我非常容易緊張，偏偏從小老師就喜歡幫我報名演講比賽。

「小昭在台上很有大將之風，從來都不緊張。」

有一次被這麼讚美了，我才知道原來我有一項優點：緊張的時候別人看不出來。越緊張，我的表情跟語氣越自然，唯獨耳朵變很燙，大概是壓力全都集中到那邊去了吧。

## 我喜歡數學，我不喜歡數學

「欣妤學姊這邊～」

「就說不要叫我學姊了！今早睡過頭，這是妳喜歡喝的紅茶，加了黑糖珍珠噢。」

我跟欣妤坐在學校的露天座位上。秋天的陽光從樹葉縫隙中撒下來，好幾個社團在旁邊發傳單、擺攤位招攬新生，學校充滿活力。《小說與電影中的數學思維》是欣妤找我一起選的，我們系上迎新宿營時同一小隊，她其實大我一屆，去年在國外陪男朋友唸書，今年才回來。

「今天第一堂課好玩嗎？」

「還不錯，雖然有很多我聽不懂的。」

# 17 從早餐店開始的貝氏定理

「下次我準時起床,聽不懂的我教妳。」

欣妤的數學很好,不是說考試分數很高,而是很會活用。比方說有一次我們去買生煎包,前面排了好幾個人,我打算放棄時,她一把拉住我。

「等等別走,我們剛好可以分到正在煎的那一鍋。」

她一眼估出人數與生煎包的數量。後來好幾次排小吃也是,她能快速估算排隊時間,值不值得排。這是她高中數學老師教她的。

「我原本覺得數學跟生活一點關係都沒有,現在覺得像空氣一樣到處都是。」

我不太能理解這種想法,但此刻我得跟她討論一下。我把早上在可大可小早餐店遇到世杰的經過告訴她。

「『為什麼不做成等腰直角三角形,而是這種不乾不脆的直角三角形呢?』妳真的這樣說嗎?哈哈哈哈哈,哎噢對不起,小昭妳真的是太可愛了,哈哈哈。」

欣妤像隻蝦子一樣彎下腰來狂笑,不時拍打桌面,幾位發傳單的同學往我們這邊看來。

「妳還說了什麼?」好不容易止住笑意,欣妤問。

「我也不是特別喜歡等腰直角三角形,只是覺得,如果能用一個常見的直角三角形,例如邊長(3,4,5)的三角形,那不是很棒,會讓人有種他鄉遇故知的感覺。」

噗,我話還沒說完,欣妤又變成一隻得了狂笑症的蝦子。

「妳為什麼要逼自己講這些話呢?」

「我很緊張,就胡言亂語……」

當時,我點了蛋餅,又拿了個三明治準備當中餐。坐下來時,併桌的男生在讀一份紙本講義,上面全是數學方程式,英文字母比

超展開數學約會

數字還多,讓我想起一則網路笑話:我以前數學很好,直到他們把英文字母跟數字混在一起時。

想想我的數學也是那時起一蹶不振。所以我很崇拜數學好的人,他們能理解我無法吞嚥的知識。但我同時也很討厭數學,我被它折磨了好幾年,高三那年,我甚至有好幾次在數學考卷前落淚,不懂為什麼要學這些,為什麼要會什麼莫名其妙的畢氏定理,三角函數……

我是個很容易出神進入自己小劇場的人,常常看到某件事情,腦海裡的一個抽屜就會蹦地彈開,跑出很多回憶。

「三明治有什麼好看的嗎?」

忽然,隔壁的男生問我。我這才注意老闆娘蛋餅都送來了,但我還在捏著三明治發呆。耳朵逐漸發燙了,快、該說點甚麼,這時候一定要說點什麼,但絕對不能說「我在回想自己以前在數學考卷前落淚的事情」,至少不能在一個把數學講義當報紙配早餐的男生面前說。我這時才注意到,他滿可愛的。

「然後我就說了跟畢氏定理有關的直角三角形。」

我告訴欣好整段過程,她喝了口紅茶說:「所以妳的身分是一位熱愛數學的少女。」

我點點頭,要跟她求救的話才到嘴邊,欣好用力揮手,就像剛才世杰在腳踏車上對我揮手的那樣。順著她的視線,我看見一對像是雜誌封面模特兒的情侶走過來。

## 可以欣賞的數學

這對情侶是欣妤的高中同學，阿叉與商商。

「學校小就有這個優點，很容易遇到。」

他們在旁邊坐下。欣妤把我早上的事情再轉述一次，雖然不太好意思，但我更不好意思要她別講。

「他唸台大什麼系啊？」阿叉問。

「電機系。」

「噢，那跟我一樣。哎，等等，妳說他跟我們同屆，那孝和應該認識，我來問問看。」

阿叉掏出手機，「孝和是我們班的第一名，現在也唸台大電機。」

欣妤邊解釋，邊拿出手機。商商湊上去看阿叉的螢幕，阿叉察覺到，笑著摟住商商，把手機挪到兩個人中間。真是一對恩愛的情侶。

阿叉跟欣妤飛快地打字，中間阿叉抬起頭來，一臉狐疑地看著欣妤，欣妤用力搖搖頭。幾分鐘後，阿叉笑出聲，商商也露出微笑。

「世界真小，孝和說他們是好朋友。」欣妤放下手機這麼說。

「他很喜歡數學，而且數學很好。」

阿叉補上一句，突襲似地問我：「妳喜歡他對嗎？」

「我⋯⋯才第一次見面怎麼能說喜歡或不喜歡。」

我嘗試抵抗，但阿叉聳聳肩說：「不會啊，很多女生第一次見面就跟我告白。但我只喜歡商商。」

他摸商商的頭髮，商商露出像被撫摸得很舒服的小貓的表情。這對情侶好閃，但或許是受到他們對感情的坦率影響，我也不再抵

抗。

「他是個很棒的男生。可是興趣是數學──」

「妳現在開始喜歡數學就好啦。」

「我數學那麼差,怎麼可能做得到。」

「喜歡數學不一定要數學好噢。」

一直安靜的商商開口,她親切地跟我說。

「不需要具備特定背景,任何人都可以逛美術館,也都能感受到藝術的美與力量。如果今天有一間美術館,只限定相關背景的人入場,那不是很奇怪的一件事嗎?」

「可是每個人與生俱來都有欣賞美醜的能力,數學沒有啊。而且數學是一門很難的學科。」

「美術也很難噢,光影、透視──」

「這些跟數學其實有關係。」

阿叉在旁邊插嘴:「『懂』一門知識有分很多層次,欣賞只需要入門的層次就夠了,唯有到需要創作、應用時才需要很深入的理解。藝術是這樣,數學也是這樣──」

「其實數學也可以算是藝術的一種。」

「你很愛插嘴哎。」

欣妤制止阿叉,商商笑了笑繼續說:「只是大多時候我們學數學是為了考試,要求的理解層次很深。妳才會覺得數學很難,不妨趁這這個機會,用輕鬆一點的角度來看數學吧。」

商商的話像灑在長木桌上的陽光,給人溫暖的感覺,有那麼一度我也覺得好像我可以真的喜歡數學,用不同的角度看待數學。

理智馬上搖醒我。

# 17 從早餐店開始的貝氏定理

「我還是少跟他聯絡好了，不然馬上穿幫，會被他發現我數學差。」

「這樣很可惜哎，大學生就是要好好談一場戀愛啊！難得遇到不錯的對象，妳應該要多認識一下。」

欣好語帶得意地說。

「當初積木就是我主動追來的。」

「多認識是好的，現在就放棄的話——」

「比賽就結束了。」

「妳一定會後悔的。多認識一點，就算他沒有妳想的那麼好，那也是要認識才知道。」

「商商好會鼓勵人噢，真是溫馨的學姊。」欣好讚嘆。

阿叉接著開口，我正以為他又要亂接話，「這就是貝式定理啊，要有足夠多的相處機會，才能夠更新事後機率，算出是不是妳的理想情人。」

「貝式定理？」

三個人一起對我點頭，阿叉繼續說：「這麼說吧，每位對象都有一定的機率是理想情人。第一次見面時，會有一個先驗機率（priori probability），像世杰的先驗機率可能高達 70%。但這不代表他真的就一定是妳的理想情人，只能說在這一瞬間『妳認為他是理想情人的機率』。相處過程中遇到各式各樣的事。比方說，下一次約會時他提早 10 分鐘到，這是加分，對嘛？」

我點點頭。

「但要加幾分呢？就要用貝式定理去更新。我們用 A 跟 B 來表示『小昭的理想情人』跟『準時』這兩個事件。如果是妳的理想情人，特地早到的機率，這該怎麼用 A 跟 B 表示？」

我眼前出現星星，地面開始旋轉。

「你不要問人家這麼難的問題啦。」欣好幫我解圍。

「就是 P(B|A)，給定理想情人的條件下早到的機率。另外一個要知道的事，不是理想情人的話，早到的機率又是多少，這可以用 P(B|A$^c$) 來表示。妳可以自己去評估這兩個機率數值該設多少。欣好覺得呢？」

「我覺得小昭理想對象早到的機率應該滿高，假設是 90%。如果不是的話，一般男生跟小昭這麼可愛的女生約會應該也會早到，大概是 60% 好了。貝式定理長這樣。」

$$P(A|B) = \frac{P(B|A)P(A)}{P(B|A)P(A)+P(B|A^c)P(A^c)}$$

欣好在半小時前拿到的社團傳單上寫下數學公式，我隱約覺得遠方有人對我們投以哀怨的眼光。欣好解釋：

「公式的左邊 P(A|B) 是所謂的事後機率（a posteriori probability）。意思是當發生 B 事件（特地早到）後，我們得到了新的觀察，因此事件 A（世杰是小昭的理想情人）的機率將隨之改變。**發生的事件越多，得到越多的觀察，就越了解對方，能得到更精確的機率估測。**這就是貝氏定理的精神。」

看到自己的名字跟世杰被擺在一起，我有點不好意思。或許是察覺到我的想法，欣好還故意在我們的名字上面畫了一把小傘，像國小學生嬉鬧在桌上塗鴉一樣。阿叉拿起手機計算。

「這樣的話，世杰是理想情人的機率就會變成

# 17 從早餐店開始的貝氏定理

$$P(A|B) = \frac{P(B|A)P(A)}{P(B|A)P(A) + P(B|A^c)P(A^c)} = \frac{0.9 \times 0.7}{0.9 \times 0.7 + 0.6 \times 0.3} = 78\%$$

提高了 8%。妳看，真的會改變噢。當妳喜歡的人做了一件你認為『如果是我喜歡的人，更應該這麼做』的事情，他『真的是我喜歡的人』的機率就會上升。反之則會下降。比方說如果他下次來旁聽，和別的女生有說有笑。」

我的胸口好像被什麼捶中似的，感覺到一陣鬱悶。如果是這樣，我還會覺得他很好嗎？不對，他一定不會這麼做的。

「妳理想情人會這麼做的機率只有 10%，但不是理想情人會這麼做的機率有 80%。我們就能再根據這個事件來更新世杰此刻是妳理想情人的機率是

$$P(A|B) = \frac{P(B|A)P(A)}{P(B|A)P(A) + P(B|A^c)P(A^c)} = \frac{0.1 \times 0.78}{0.1 \times 0.78 + 0.8 \times 0.22} = 31\%$$

掉到 31%。」

「理想情人會這麼做的機率只有 10%，為什麼你算出來還有 31% 這麼高的數值呢？」

「因為『妳會給他機會』。你要把數學的意思講出來啦。」

欣妤補充，後面那句話是在對阿叉說的。她接著講：

「做了一件不好的事，我們會扣他分數。可是注意噢，扣分數的意思就是他原本就有一個分數。這個分數就是在這個事件發生之前的先驗機率。先驗機率高的人，表示妳原本對他很有好感，這時

超展開數學約會

候就算做錯了一些事,妳可能會想起他之前的好,願意再給他一個機會。如果本來就已經印象不佳的,隨便再錯一兩件事情,妳就直接判他出局了。」

耳朵聽欣妤的話,我重新看一次這幾道數學式子,好像也稍微能理解它們的意思,似乎,它們是把在戀愛中的直覺行為用數學公式描述。

「你們的數學好好噢,如果我數學也這麼好,就不用在他面前裝了。」我羨慕地說。

「我們可以幫妳啊,我們來開一個群組叫『超展開數學約會』,以後妳跟他相處遇到問題告訴我們,我們看到就趕快回妳。保證妳在約會時也能得到即時的幫助。」

欣妤拿出手機,我感覺到包包裡的手機發出震動。阿叉站起來伸展筋骨,他笑說:「不用啦,妳只要重複說『為什麼?』跟『你好厲害!』就夠了,男生是單細胞生物,只要被喜歡的女孩問問題就會想解答,被讚美就會開心。」

「阿叉好厲害噢,這麼一針見血的評論。」

「那還用說,我可是兩性專家。」

欣妤對我跟商商比了個鬼臉,商商笑出來。

真的是這樣嗎?我有點懷疑,但又覺得阿叉的笑容很有說服力。

# 18

# 先倒牛奶還是先放涼

「世杰老師的咖啡廳數學課要開始了嗎？」
「好，妳聽過牛頓冷卻定律嗎？」
我點點頭，心想欣妤真會猜題。她只聽到咖啡兩個字，
就可以猜出世杰會用到哪些數學。
聽說他們還有去問世杰的同學孝和，或許孝和也幫忙給了些建議。
「冷卻定律的意思是，我們點了一杯熱咖啡，
從沖泡好的那一瞬間起，它的溫度就會開始下降，
下降速度跟咖啡此刻的溫度與室溫差距有關⋯⋯」

兩杯熱咖啡，再給我一份冰牛奶。
這間咖啡廳很棒哎。
那麼，世杰老師的咖啡廳數學課要開始了嗎？
好，
妳聽過牛頓冷卻定律嗎？
例如我們點了一杯熱咖啡，
從沖泡好的那一瞬間起，它的溫度就會開始下降，
下降速度跟咖啡此刻的溫度與室溫差距有關...
我大概懂你說的，
不用太多，讓他以為妳數學不錯就好。
只是，這樣跟牛奶先倒後倒有什麼關係呢？

超展開數學約會

　　第二週早上，我刻意選擇跟上週一樣的時間去可大可小吃早餐，但沒遇到世杰跟他的數學講義。我有點失落，以為建立起來的默契，看來只是自作多情。我要用貝式定理來算一下得扣世杰幾分。

　　一走進教室，同學們散落在後方的座位聊天、吃早餐、玩手機。世杰獨自坐在第一排津津有味地讀著講義。真的很喜歡數學呢，我看著他的模樣，剛剛的失落一掃而空。他看到我，不過可能是在思考數學吧，他又低下頭，一會兒才再抬頭跟我打招呼。
　　「早安！」
　　「你原來已經在教室了。我剛去吃早餐時還在想會不會遇到你。」
　　「遇⋯⋯遇到我嗎？妳、妳說妳想像會遇到我嗎？！」
　　世杰臉上露出驚訝的表情，我剛剛的話太積極嚇到他了嗎？
　　「哈，你幹嘛裝得那麼誇張，好好笑噢。」我趕快用開玩笑的語氣回答。
　　他挪開椅子上畫有數學符號的背包。
　　「我在想一個跟咖啡有關的數學。」在我坐下後他說。
　　我沒預期到才三句話就進入數學的話題，就像電影開場五分鐘就主角就跟壞人生死決鬥一樣讓人措手不及。我伸手抓口袋裡的手機，思考怎樣才能在不被發現的情況下跟欣好求助。
　　「怎樣的數學呢？」
　　「假如早上妳泡了一杯熱咖啡，冰箱裡還有一杯冰牛奶，妳想在 10 分鐘後喝杯涼一點的咖啡。妳有兩個選擇，先把冰牛奶倒進咖啡裡，靜置 10 分鐘。或先放 10 分鐘後，再倒冰牛奶。妳會選哪一個？」

180

# 18 先倒牛奶還是先放涼

　　我鬆了口氣，還好他不是要我立刻解一道方程式。是非題至少有一半的答對機率。

　　「我選第二個，感覺比較冰。這跟數學有關嗎？」

　　「有喔，溫度是可以算出來的。」

　　世杰拿筆寫下數學式子，我看見了 y，y 右上方還有一撇。那是什麼意思？不小心畫到的嗎？

　　「小昭，妳幹嘛坐那麼前面啊？」

　　欣妤的聲音從後方傳過來。太好了，我趕快起身離開。

　　「欣妤學姊！不好意思，下課你再解釋給我聽好嗎。」

　　「就說不要叫我學姊了。他誰啊，啊，世杰嗎？」

　　欣妤壓低音量說，我點點頭。世杰禮貌地跟欣妤打招呼後，繼續看講義。我小聲地告訴欣妤剛剛的狀況，感謝她的及時出現，否則我就要出包了。

　　「右上方那撇是微分啦。咖啡溫度的數學，這我有印象。妳等我問大家。」

　　欣妤在群組裡連發了好幾則訊息，裡面有「咖啡」、「溫度」、「微分方程」、「混合」等字眼，每一個字我都看得懂，但串在一起就變得陌生。

　　「妳剛剛忽然離開，他會不會受傷啊。」欣妤看著螢幕打字邊說。

　　「好像有點沒禮貌……可是如果繼續坐著就穿幫了。」

　　「不然妳跟他說下午去咖啡廳做實驗，這樣就能順理成章地約會啦。放心，我會在那之前幫妳準備好需要知道的數學知識。」

　　欣妤抬頭看我，兩眼發亮，一副比我還期待的模樣。

181

## 咖啡廳裡的數學實驗室

「兩杯熱咖啡,再給我一份冰牛奶。」

世杰從櫃檯走回來。

「這間咖啡廳很棒哎。」

我們坐在靠窗座位,旁邊放了個裝咖啡豆的大麻布袋,跟椅子差不多高。

「好復古的桌椅。」

「我猜不是復古,老闆當初開店時說不定還是挑最新款式的。」

世杰調皮地踩了踩地板,發出嘎嘎聲響,和老闆娘磨豆的聲音,一起融合在店裡的爵士樂裡,賦予這間咖啡廳一種獨特、經年累月沉澱出的優雅氣氛。

「世杰老師的咖啡廳數學課要開始了嗎?」

「好,妳聽過牛頓冷卻定律嗎?」

我點點頭,心想欣欣真會猜題。她只聽到咖啡兩個字,就可以猜出世杰會用到哪些數學。聽說他們還有去問世杰的同學孝和,或許孝和也幫忙給了些建議。

「冷卻定律的意思是,我們點了一杯熱咖啡,從沖泡好的那一瞬間起,它的溫度就會開始下降,下降速度跟咖啡此刻的溫度與室溫差距有關⋯⋯」

世杰解釋起牛頓冷卻定律,我在三小時內第二次聽到這個理論,但對它還是非常陌生。

「你們的咖啡來了,起士蛋糕是招待常客的。」

「老闆娘都認識你,好厲害噢。蛋糕真好吃。」

我挖了一小塊送入嘴中,此刻我非常需要咖啡和糖分。

# 18

先倒牛奶還是先放涼

「我還滿喜歡吃他們的起士蛋糕。」

世杰也挖了一塊蛋糕。我原本有些擔心他眼裡只有數學,其他都沒興趣,但現在看起來應該是我多慮了。他喜歡探索自己的興趣,同時也願意廣泛接受其他事物,回去又多一項要列入貝式定理計算的項目了。

「我大概懂你說的,溫度變化能用斜率表示,變化又跟咖啡溫度和室溫差距有關,所以可以列出等式。然後……算出咖啡從泡好開始,每分鐘的溫度變化。只是,這樣跟牛奶先倒後倒有什麼關係呢?」

我一口氣背出群組裡的大家幫我整理好的台詞。「不用講太多,讓他以為妳數學不錯就好。剩下來給他發揮吧。」離開前欣妤這樣告訴我。把數學當成國文在唸,這對我來說不是太陌生的一件事。

世杰把冰牛奶倒入其中一杯咖啡,在餐巾紙上寫下算式,

「有噢,當冰牛奶倒進熱咖啡,假設牛奶跟咖啡的比熱相同,熱咖啡 200 克,90 度。牛奶 5 度,50 克。混合後的咖啡牛奶。就是 $\frac{200}{250} \times 90 + \frac{50}{250} \times 5 = 73$ 度。」

「噢~」

我湊近看式子,裝出一副很有興趣的模樣。

「可以嗎?各自的比例乘上各自的溫度。」世杰補充。

我心虛地點點頭。還好世杰沒察覺出來,此刻他是數學世界的導遊,用介紹知名景點的口吻,指著加牛奶的咖啡說:

「所以囉,如果先倒冰牛奶,咖啡就會從 90 度下降成 73 度,之後的 10 分鐘再慢慢變涼。還記得我們剛剛說的,熱咖啡變涼的速度,取決於咖啡和環境的溫度差。比較涼的咖啡,降溫速度會比較

慢。」

他邊寫邊說。

假設咖啡一開始的溫度是 C，周遭環境溫度是 s，溫度隨著時間 t 的變化是：

$$\frac{dc}{dt} = k(c-s)$$

k 是常數。現在多了溫度 m 的牛奶，混合後咖啡占整杯拿鐵的比例是 x，則先混合後靜置的狀況，降溫的變化可以寫成：

$$\frac{dc}{dt} = k\{[xC-(1-x)m]-s\}$$

「中括號裡面的 xC-(1-x)m 就是我們剛剛算的 73 度，咖啡跟牛奶混合後的狀況。再利用微分方程，就可以解出來了。」

Napkin Math（餐巾紙上的數學），我總以為這是只有電影裡才發生的畫面。

「你學過微分方程了嗎？」我說出阿叉在群組裡的問題。

「下學期才要修。」

「那你怎麼會？」

「因為好像還滿有趣的，就稍微翻了一下。微分方程告訴我們，混合後的拿鐵溫度 $T_1$ 隨時間 t 的變化：$T_1(t)$ 是

# 18

先倒牛奶還是先放涼

$$T_1(t) = s + [xC + (1-x)m - s]e^{-kt}$$

妳研究一下,我去拿另一杯冰牛奶。」

世杰起身走去吧台,我趕快把公式全部拍到群組裡,再補上一句:

這到底是什麼?

先倒牛奶再靜置降溫的公式。

不用懂整個公式,只要記得 x 跟 (1-x) 是混合的意思, $e^{-kt}$ 就是放著降溫的過程。

阿叉跟商商回覆我。我想起中午我們的確有討論過,x 是混合的比例,比方說 30% 的黑色跟 70% 的白色混合,就可以用 x 跟 (1-x) 來表示。$e^{-kt}$ 則是像以前理化課學的半衰期,指數上頭有個 -t,表示隨著時間減少,而且不是線性遞減,是每隔一陣子少幾倍的那種指數遞減。欣妤補了一句:

括號裡面的先算,所以是先混合,再降溫。

從他們的口中,公式變得好像一幅畫,這邊是一個花瓶,那邊是另一扇窗戶。雖然細節我還是不懂,但至少稍微能理解這個式子了。耳邊傳來地板嘎嘎聲響,世杰捧著一杯冰牛奶走回來。

## 晚一點倒牛奶，咖啡比較涼

「冰牛奶來囉，我就省略計算過程，第二種狀況咖啡溫度 $T_2(t)$ 是：

$$T_2(t) = x[s+(c-s)e^{-kt}]+(1-x)m$$

中括號裡的是放涼一陣子後的黑咖啡溫度，然後用剛剛講的比例乘以各自的溫度，平均起來，就是先放涼，再加冰牛奶的狀況。」

我看了看式子，有 $e^{-kt}$ 的是靜置降溫，有 x 跟 (1-x) 的是混合，括號裡面的要先算，表示事先發生的事情。

「所以這個式子的確是先降溫，然後再混合。」我覺得有點開心，我竟然可以解釋這個式子哎。世杰點點頭，把冰牛奶倒進去第二杯咖啡，邊攪拌邊說：

「妳有興趣的話可以試著推導看看，可以證明不管 t 是多少，都可以得到 $T_1(t) < T_2(t)$，證明的關鍵在於牛奶溫度 m 比室溫 s 要小。」

「嗯嗯不用了沒關係，我相信你是對的。」

世杰把杯子推到我面前。

「妳現在喝喝看這兩杯，哪一杯比較涼。」

「這杯真的比較涼哎～你好厲害！」

「沒有啦。是微分方程厲害……」

世杰露出不好意思的笑容。阿叉的建議果然很中肯。

# 19

# 和騎著蜥蜴的
# 史巴克聯誼

好像是在旅行的時候吧,我記得有人提到一句話:
難道不能形容音樂是數學的感性,而數學是音樂的理性?
我跟世杰的雙人舞背景音樂,還剛剛好真的是數學。
我忽然想起一件事。
「所以聯誼那天我們分成一組,這也是孝和跟欣妤幫我們的嗎?」
「當然不是,那是緣分。」
世杰快速否認。

接下來我們要玩竹筍竹筍蹦蹦出!

大家先蹲下來~

我們有30個人,遊戲規則是從1往下數到30。

每個人可以自己決定什麼時候要跳起來報出現在的數字。

OUT!

但如果同一時間有好幾個人跳起來,那些人就輸了。

如果都沒有人同時,那輸的就是最後一個蹲著的人。

小聲

每個人在每個數字跳起來的機率都是1/30。一開始其他29人中,至少有一人跳起來的機率是「1扣掉29個人都不跳的機率」。

我要開始數囉~

準備----

其實是機⋯題。

「原來是這樣啊。」

聽完我講的這些，世杰若有所思地點點頭。我們在捷運月台上的位子坐了好久。

「對不起，騙了你那麼久，每次看你聊數學那麼開心，我更不知道該怎麼告訴你真相。這半年來——」

「之前就是在這站，搞不好就是這個車門。」

世杰打斷我的話，伸手往前指。

「孝和忽然告訴我要跟你們系聯誼的事情。」

他緩緩道出那段回憶。

## 幾個月前的捷運（世杰的回憶）

「你說什麼！？」

我一隻腳踩回捷運車廂，快闔上的車門像裝了彈簧似地彈開。我衝向孝和，向來冷靜的他臉上閃過一絲驚恐。

「好丟臉，我不認識你，你離我遠一點。」

「你超故意！挑下車前一刻才講這麼重要的事情！」

我提高音量。

「好好，你講話小聲點。哪有人激動成這樣的，真誇張。」

孝和手往下按，幾位乘客往我們這兒看，和我視線一交會，就像方才的車門一樣立刻彈開。

「我有個朋友跟小昭同系，她說想認識我們系的男生，就找我辦聯誼。」

「你朋友叫什麼名字。」

「欣妤。」

## 19 和騎著蜥蜴的史巴克聯誼

好熟的名字……

「金髮女！！」

「你見過她？我們是高中同學，她休學一年。」

「難怪小昭叫她學姊，他們一起上通識課。她看起來很公主哎，想不到你們是好朋友。該不會……」

孝和盯著我幾秒後，放慢速度說：「她男朋友是我同學，你真的沒看過《超展開數學教室》吼。」

「我沒有失眠的困擾。」

「好吧，沒事。你再不下車就又要多坐一站囉。」

我立刻衝下車。

＊

「妳的軍師是欣好，孝和則……幫了我很多忙，他們兩個不可能沒有討論過啊。有種被隱隱操弄的感覺。」世杰皺眉頭瞇起眼，彷彿真相正在眼前，他想一眼看穿。

事實上，我不希望他心情不好，趕快轉移話題。

「我記得那時候你有傳訊息問我。一開始你還說『我朋友叫我去，他說多認識人總是好的。我覺得好像是這樣，但又有點懶。妳呢？』，這個問句超狡猾的！」

「我有這樣回嗎！？」

世杰拿出手機往回捲對話紀錄，他捲了好久。熟悉的對話不時出現在螢幕上，彷彿時光倒流，原來我們聊了這麼多話。

「你看，有吧～」

螢幕停留在我剛剛說的那段對話上，世杰臉上露出尷尬的表情。

但其實我會記得，是因為當時我也回了一句很狡猾的話。

「我跟你想的一樣。」

這句話現在同時出現在螢幕上。不過世杰似乎不是會計較的人，他不好意思地跟我道歉，然後指著另外一句話。

「我後來有鼓起勇氣說了！」

那句話是「有妳在的話應該會很好玩，比較有動力去」，我不甘示弱地把螢幕往下捲一點。

「我也有說噢。」

當時我回的是「好啊，那我們一起去吧。聯誼無聊還可以聊數學。」

現在看，那時正在曖昧的我們宛如跳著雙人舞，踩著不大的舞步，一步步往前。

好像是在旅行的時候吧，我記得有人提到一句話：

難道不能形容音樂是數學的感性，而數學是音樂的理性？

我跟世杰的雙人舞背景音樂，還剛剛好真的是數學。

我忽然想起一件事。

「所以聯誼那天我們分成一組，這也是孝和跟欣好幫我們的嗎？」

「當然不是，那是緣分。」

世杰快速否認。

# 19

和騎著蜥蜴的史巴克聯誼

## 幾個月前的聯誼（小昭的回憶）

聯誼那天天氣很好，湛藍的天空倒影在醉月湖上，我們玩了好幾個團康遊戲。世杰很體貼，所有粗重、丟臉的事他都一肩扛下來。有個遊戲是從麵粉堆裡吹乒乓球，他吹得比誰都大力，整個臉都白了，大家笑他太誇張，只有我知道他是不希望我弄髒。

吹乒乓球活動結束後，欣好大喊：

「接下來我們要玩竹筍竹筍蹦蹦出！大家先蹲下來。我們有 30 個人，遊戲規則是從 1 往下數到 30。每個人可以自己決定什麼時候要跳起來報出現在的數字。但如果同一時間有好幾個人跳起來，那些人就輸了。」

欣好居高臨下俯視著我們，補上一句：

「如果都沒有人同時跳起來，輸的就是最後一個蹲著的人。」

大夥兒蹲著交頭接耳，形成一副有趣的畫面，一群沒從土裡蹦出來的竹筍，討論什麼時該發芽長出來。

「倘若假設其他人都隨機跳起來，不考慮別人的心態，這其實是一個機率問題。」

「可以算出遊戲一開始就跳，會贏的機率是多少。」世杰的聲音從旁邊傳來。

我在 LINE 裡面開玩笑說無聊的時候可以聊數學，竟然成真了。我故作認真地聽世杰解釋。

「遊戲開始有 30 個數字，每個人在每個數字跳起來的機率都是 1/30。則一開始其他 29 人中，至少有一個人跳起來的機率是『1 扣掉 29 個人都不跳的機率』」

世杰用手機備忘錄 APP 寫下一道算式

$$1-\left(1-\frac{1}{30}\right)^{29}$$

「1-1/30 是指某個人不跳的機率，補上 29 次方就是其他 29 人都不跳。妳一定知道這個等式。」

$$\lim_{n\to\infty}\left(1+\frac{x}{n}\right)^n = e^x$$

我當然不知道，但這幾次約會下來我已經漸漸學會「我知道啊」的表情了。

「嗯。」

「所以囉，用這個等式可以近似求出」

$$1-\left(1-\frac{1}{30}\right)^{29} \sim 1 - e^{-1} \times \left(1-\frac{1}{30}\right) \sim 1 - e^{-1}$$

世杰飛快寫出好幾個式子，彷彿事前就把一切都記在腦海裡，此刻只是背出來一樣。

「我們都知道 e 約是 2.718，取倒數 1/e 約是 0.37。所以數到 1 就跳起來會贏的機率就是 1-0.37=63%。當然，這是假設其他人都是機器人，實際上可能好幾個人算出這個數值後，就會提高他第一次起跳的機率，那就得再重新去計算。」

# 19

## 和騎著蜥蜴的史巴克聯誼

世杰思考了幾秒，然後放棄地說：

「人們以為數學很困難，那是因為他們不知道生活有多複雜。這是我最喜歡的數學家 John von Neumann 說的。」

「我要開始數囉～～～1！」

我跟世杰同時跳起來。

「你們是約好殉情嗎！剛剛在那邊聊天聊半天，然後一起跳起來。」

欣妤的話引起眾人大笑，我連忙揮手。

「這樣遊戲太快結束了，妳們先到一邊，我們其他人繼續玩下去。」

我們站在旁邊看欣妤往下數，連續好幾個數字都沒人跳。數到 6 的時候有一個人跳起來。

「可能是聊天太專心，一聽到數數，反射動作覺得要做點事情吧。」

我檢討剛剛為什麼會一起跳起來。世杰遲疑了幾秒，用開玩笑的口吻說。

「也可能是默契。」

「哈，有可能吼。」

我也開玩笑的回應，同時感覺到耳朵的溫度逐漸上升。

「9！」

有兩個人同時跳起來。

「我們來玩大冒險，你們五個人黑白決定誰先吧。」

世杰跟另一個人輸了。他們用猜拳分勝負，猜了兩次都平手。正準備要猜下一次，欣妤對我不斷使眼色，我才想起超展開數學約

超展開數學約會

會群組替我準備的數學話題。

「我們要不要加上蜥蜴跟史巴克？會比較容易分出勝負噢。」

我不等其他人回答，逕自解釋下去。

「每次猜拳，只要對方跟你出的不是同一種，就會分出勝負。3 種裡面選到另外 2 種，第一次就分出勝負的機率就是 2/3，大約是 67%。到了第二次才分出勝負的機率就是（第一次沒分出勝負的機率）×（第二次分出勝負的機率）= 1/3×2/3 = 22%。」

跟世杰猜拳的人說：「可是我平手的話，會猜對方下次出什麼，這樣就不是隨機假設啦。」

這人是世杰的同學，台大電機系的思考都要這麼嚴謹嗎？我搬出絕招：

「所以我們這只是假設，現實生活要更複雜。數學家 John von Neumann 有說，如果人們……」

我唸著世杰最愛的話，跟他有默契地交換了一個眼神。那人點點頭請我繼續解釋。

「所以前兩次分出勝負的機率是 67%+22%=89%。如果要提高分出勝負的機率，可以玩剪刀（scissors）、石頭（rock）、布（paper）、蜥蜴（lizard）、史巴克（Spock）。沒錯，就是企業號上的那位史巴克。」

我併攏食指與中指，還有無名指與小指。這是《星艦迷航記》（Star Trek）影集中史巴克的經典手勢，昨天晚上我還對著鏡子練習了一下。我找了網址給他們看：

# 19

和騎著蜥蜴的史巴克聯誼

「這種進階版的剪刀石頭布共有五種出拳方式,每一種方式,會贏其他兩種方式,例如剪刀可以剪死蜥蜴;但也會輸另外兩種其他方式,如剪刀會被史巴克打爛。」

「為什麼一次要多增加兩種方式,不是只增加一種呢?」

「因為只增加一種,扣掉平手的還剩下三種手勢,輸贏的機率會不平均了。現在這樣子,剛好每一種手勢都會輸給另外兩種,贏過另外兩種。」

「原來如此,那其實也不用是剪刀石頭布,改成『金、木、水、火、土』或『心、肝、脾、肺、腎』也可以啊。」

那人笑著說,欣妤在旁邊接話。

「改成『這、笑、話、很、冷』也沒問題。」

那人後來話明顯變少了。

「進階版中五種只有一種平手,平手機率大幅降低,一次分出勝負的機率提高到 4/5 = 80%,前兩次內分出勝負更高達 4/5 +

超展開數學約會

1/5×4/5＝96％。如果原本剪刀石頭布，三次內分出勝負的機率也是96％，換句話說。這個方法猜兩次，就可以有剪刀石頭布猜三次的效果噢。」

我解釋完規則跟機率值，世杰認真研究起關係圖。

「蜥蜴吃掉布，毒死史巴克，但會被剪刀剪斷，被石頭砸死……我準備好啦！」

＊

「我是故意唸出來的，那樣我同學就以為我要出蜥蜴。要贏蜥蜴只有剪刀跟石頭。而史巴克又是同時能贏這兩個的手勢。」

世杰擺出史巴克的手勢，那場猜拳最後是史巴克打爛剪刀，世杰獲勝。

「這個遊戲太難推廣了，5 種手勢取 2 種，一共要記 10 種勝負關係才能玩。本來就是不想動腦才猜拳的，這下又要動腦了。怎麼了嗎，我臉上有什麼嗎？」

「沒有，我只是覺得你好厲害，一下子就能用排列組合算出 10 種勝負關係。你果然很喜歡數學。」

世杰沒立刻回答，一班捷運駛進月台，乘客像潮水一樣湧上月台，然後退去，月台恢復一片寧靜。

「我現在偶爾覺得數學還滿好玩的，但其實，一開始我跟妳一樣討厭數學。」

# 終曲

## 那些後來的事

# 20

## 開鬆餅店煎鬆餅

「我以前覺得數學好難,簡單的生活都被數學形容得變複雜了。
後來才慢慢知道,數學能夠描述的其實是簡化又簡化,
加了很多假設後的狀況。
以為數學很難,只是我們原本沒有仔細分析生活,
用一種『大概是這樣吧』的態度,
還有人類與生俱來的超強直覺在過日子。」
「說得真好,聽不出來是出自於討厭數學的人之口。」
小昭用惡作劇的表情看我。

哇！

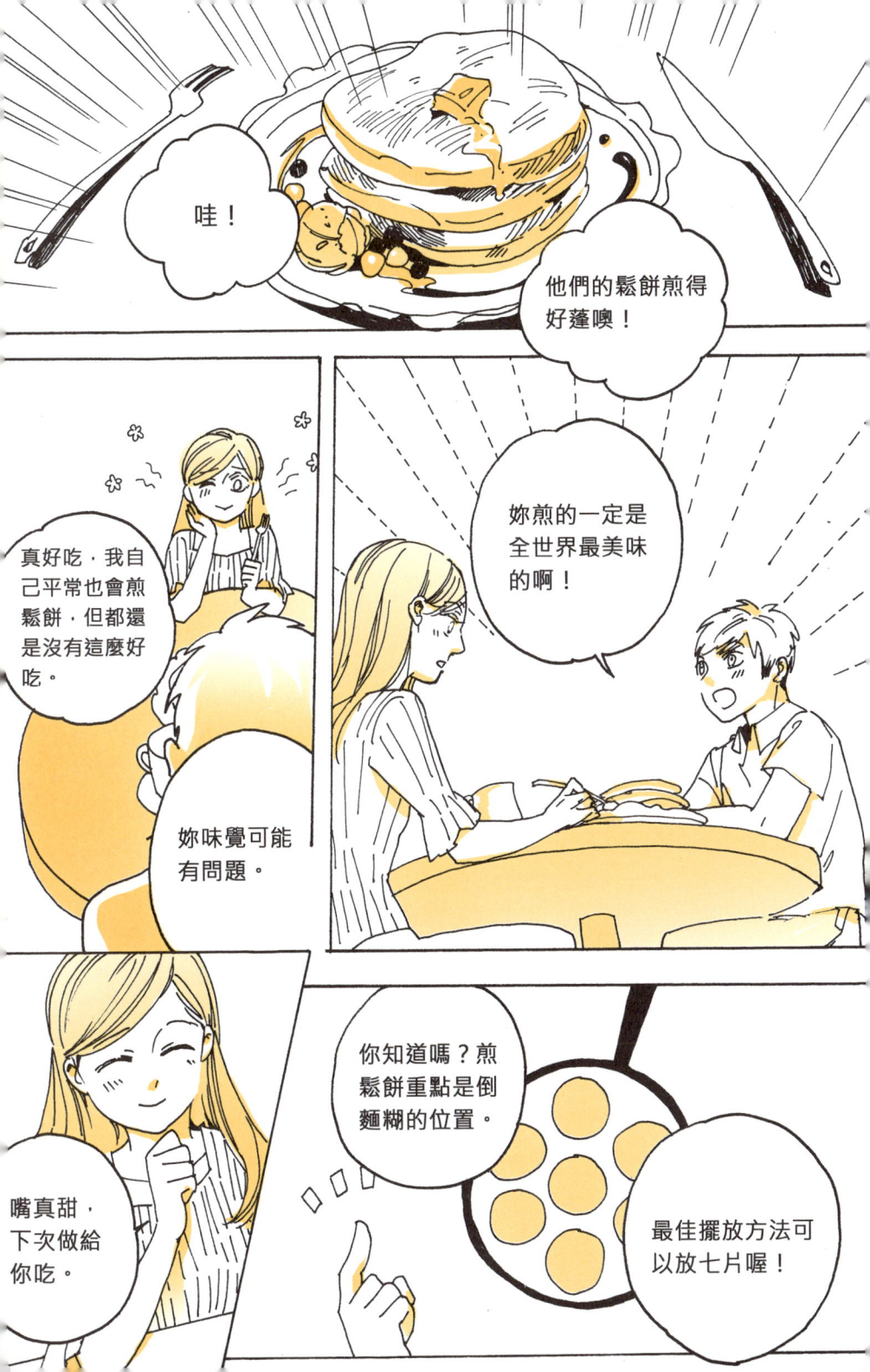

他們的鬆餅煎得好蓬噢！

妳煎的一定是全世界最美味的啊！

真好吃,我自己平常也會煎鬆餅,但都還是沒有這麼好吃。

妳味覺可能有問題。

嘴真甜,下次做給你吃。

你知道嗎?煎鬆餅重點是倒麵糊的位置。

最佳擺放方法可以放七片喔!

## 超展開數學約會

　　跟小昭交往一星期了。我唯一的心得是，我要燒掉所有戀愛小說，再也不聽任何一首情歌。因為他們描述的幸福根本不到真實的千萬分之一，不對，古戈爾普勒克斯（Googolplex）分之一！

　　「古戈爾（Googol）是 1 後面有 100 個零，古戈爾普勒克斯就是 1 後面有『1 後面有 100 個零』這麼多個零。舉個例子來解釋，10 後面有 1 個零，1 後面有 10 個零，就相當於是 1 後面有『1 後面有 1 個零』這麼多個零！數字是以次方的形式膨脹。」

　　「我聽到頭都要暈了。所以意思是……？」

　　「我真的很幸福很幸福。」

　　小昭回給我一個害羞的表情。

　　「我也是。」

　　這是我們早上起床後的聊天內容，光是躺在床上傳訊息，就可以聊上一個多小時。盥洗吃完早餐後，就開始期待中午約會了。下午我們會去圖書館或逛街或公園散步，傍晚再找一間餐廳約會。我想過這樣很快就會把台北市景點都走完。但小昭笑著說：

　　「還沒咧，要一整天都是重複的組合才算走完。假設我們中午吃飯的口袋名單有 15 間，下午散步、看電影、逛書店的選項有 15 種，晚餐喜歡的餐廳也是 15 間，那總共就要 15 的 3 次方＝ 3375，9 年多才會重複。中間假如又各多了一個選項，就會變成 16 的 3 次方＝ 4096，要 11 年多才會重複。到那個時候，我已經是個大嬸了，你還想帶我出門約會嗎？」

　　小昭按完計算機，一臉哀怨地看著我。

　　「就算到 50 歲，妳也一定跟現在一樣可愛，不對，搞不好更可愛。」我握住她的手說。

　　我從小昭眼裡看到自己跟她同時露出笑容，我們坐在永康街的

某間咖啡廳，店裡的貓從腳邊走過。

## 開在附近的咖啡廳

「雖然在學校附近，但很少來永康街。」

小昭攪拌咖啡，咖啡表面出現淺淺的漩渦，就跟她的酒窩一樣。

「這幾天來了才知道，這一帶真多咖啡廳。」

「開店的群聚效應可以用賽局模型解釋的噢。」

我想到之前為了追小昭，每天努力提升數感時，曾看到一篇文章：

「今天有一條東西向的街道開了兩間咖啡廳，他們的品質，價格都勢均力敵。所以顧客只會根據『距離』來決定要去哪一間消費。營業一陣子後，店面開東側的老闆發現，街道東口到店的這段客人都會來他這消費，因為他的店比較近。街道西口到另一間店的客人，想都不用想，一定是另一間店的常客。兩間店中間的散客嘛，則會依據此刻在兩間店的中點東側或西側，決定該去哪一間。」

我在餐巾紙上畫了一條直線，標出兩間店的位置跟小昭解釋。想起之前我們也曾經在雪克屋這樣講，那時候我還硬背了微分方程式。

「東側的老闆發現他該把店面往西挪，增加街道東口到他的店之間這段距離，同時兩間店的中點會更往西偏，他就可以吸引到更多兩間店中間的散客。西側老闆也這麼想，同樣把店面往東挪。這麼一來，兩間店逐漸往中間靠攏，最後就聚在一起。」

我在直線的中間畫了兩個圈圈。

「他們各自擁有東側跟西側的客人，無法再搶走更多客人。整

個系統達成平衡。」

「原來是這樣啊。我以為是因為店家想形成聚落，像是家具街啊、書街這樣，大家想要買某樣商品時就知道一定要去這裡。」

小昭露出恍然大悟的神情。

「搞不好也是有可能噢。畢竟這只是數學上的解釋。人們以為數學很困難──」

「那是因為他們不知道生活有多複雜。」

小昭把我的話接完，我們兩個都笑出來。

「這是孝和之前跟我講的，那時候我覺得數學好難，簡單的生活被數學形容得都變得複雜了。後來我才慢慢知道，數學能夠描述的其實是簡化又簡化、加了很多假設後的狀況。」

我頓了頓說。

「把孝和講過的話做統計，最常出現的詞第一名必定是『數學』，第二名就是『假設』了。」

「欣妤他們可能也差不多。」

小昭補充，我繼續說。

「以為數學很難，只是我們原本沒有仔細分析生活，用一種『大概是這樣吧』的態度，還有人類與生俱來的超強直覺在過日子。」

「說得真好，聽不出來是出自於討厭數學的人之口。」

小昭用惡作劇的表情看我。

告白的那天，我知道小昭原來和我一樣，都是以為對方喜歡數學，才裝成自己也喜歡數學。我向她坦承自己一點都不歡數學。

「那你為什麼吃早餐會看數學講義。」

「因為手機前一天晚上忘記充電……」

小昭閃過錯愕的表情，整個人大笑。

「怎麼了嗎？」我忐忑不安地問她。

「真是一場大誤會。我當初是因為這樣才對你特別有印象，覺得你跟其他在玩手機的人不一樣。」

「那你會因為這樣不愛我嗎？我立刻折斷手機，以後每天約會等妳的時候都在看數學！」

傻瓜，幹嘛這樣。要謝謝老天爺給我們這個誤會，讓我們認識對方。也讓我們知道彼此會為了對方，勉強自己去認識數學。

「數學是老天爺給我們的試煉嗎？」

小昭靠在我身上，溫柔地說：「謝謝你努力通過了這個試煉。」

## 大尺寸圓形雞蛋糕的最佳製作方法

小昭點的英式鬆餅上來了，坦白說我以前對鬆餅的印象是「大尺寸圓形雞蛋糕」（可麗餅則是「甜蛋餅不加蛋」），但小昭好像很喜歡這類食物，我也開始學習喜歡它。

「他們的鬆餅好蓬噢。」

小昭拿出手機拍照。有些時候我覺得女生跟男生的美感是完全不同層次的。好比拍食物，同樣一份鬆餅下午茶，小昭拍得像美食雜誌封面，我拍起來像二戰補給口糧。

「真好吃，我也會煎鬆餅，但沒辦法這麼好吃。」

「妳味覺有問題。」

小昭愣了一下，我繼續說。

「妳煎的一定是全世界最美味，這種破店怎麼可能有妳做的好吃。」

超展開數學約會

我裝作沒看到一臉怒氣的店員。

「謝謝你，下次我做一份給你吃。」看起來很開心的她，切了一片鬆餅到我的碟子裡，邊倒蜂蜜邊說：「煎鬆餅很花時間，一份鬆餅粉可以煎個十來片，用平底鍋一片每面要煎 1 分鐘左右，每次一弄就要快半小時。煎好最後一片，第一片都冷了。前幾天煎鬆餅時我就在想，應該要一次煎兩片才對，這樣只要一半的時間就好。反正鬆餅不大，不會用到整個平底鍋。」

我想像著鬆餅跟平底鍋的大小，好像是這樣。

「然後我發現，重點是倒麵糊的位置。煎兩片的話，第一片不可以倒在平底鍋的圓心，要倒在某一條半徑的中點。另一片倒在這條半徑通過圓心延長的另一側半徑的中點。只要鬆餅半徑小於平底鍋半徑的一半，這樣煎就沒問題。」

一個大圓的直徑上有兩個小圓，小圓半徑都是大圓的一半。且三個圓彼此相切。我腦海裡浮現這個畫面，很像日本算額上的圖案。小昭繼續說。

「然後我就再想，那能不能放三片呢？」

「應該可以？三個小片的圓心會形成正三角形。正三角形的外心剛好是平底鍋的圓心。」

「對啊，我查資料發現還真的有人在研究『大圓包小圓』的問題，剛剛說的兩片狀況，平底鍋的最大使用效率是 50%，三片時效率可以提升到 65%，目前所知從擺兩片到擺 19 片之間的最佳擺放方法是七片。」

這次換小昭在餐巾紙上畫圖了，她在中間畫一個小圓，外面繞六個小圓。

206

# 20 開鬆餅店煎鬆餅

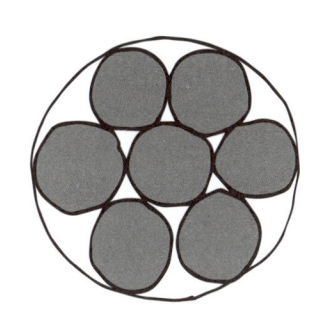

「每個鬆餅的半徑是平底鍋的 1/3。所以總面積是平底鍋的 7/9，約是 78%。如果平底鍋直徑是 24 公分，煎出來的鬆餅就是 8 公分，大小剛剛好。我後來上網找鬆餅烤盤，發現有很多這樣七個一組的設計噢。」

小昭越講越開心，我可以體會那種心情。

「不過我把這個發現跟欣好他們講，都沒人回我。」

她的語氣像自由落體下墜。我們在一起的當晚後，我傳訊息給孝和，他只說了一句「恭喜」，就再也沒回我。放寒假，在學校也找不到他。我原本猜他是擔心我生氣從頭到尾被他們一群高中朋友蒙在鼓裡，還跟他說：「我不在意你們聯手騙我們，逼我們學那麼多數學，反正最後我成功跟小昭在一起了。」

誰知道他依然已讀不回。傳給阿叉也是這樣。聽小昭講，商商跟欣好也都沒有回她。上半年每天在我們周遭打轉的他們彷彿從來不存在似地，一點也沒消息。

「他們出了什麼事嗎？還是不想理我們了呢？」

「我也不知道，難不成他們是來自數學之國的邱比特，完成了任務又回到數學之國去了嗎？」

超展開數學約會

　　我開玩笑說，小昭「哎」了一聲。
　　「你跟孝和還有積木都被欣好加入了超展開數學約會群組。」看到 LINE 跑出了這個通知，我點開一看，孝和在裡面丟了一句話。
　　「要來數學之國玩嗎？」

# 21

# 超展開數學教室

「你們知道邏輯曲線嗎?」
才一個問句,教室裡的氣氛就微妙地改變,
進入上課模式,每個人都專心聆聽雲方說話。
這就是超展開數學教室的師生默契嗎?
「有兩個人樂於分享數學趣味,跟有 100 個人樂於分享數學趣味,
理論上應該是後者傳播速率比較快吧。
因為知道的人很多,當 100 個人都找一個人分享,
瞬間就變成 200 人。從這個角度來思考,
數學趣味散布的速率和推廣數學趣味的人數成正比,
這句話的數學表示法為──」

## 超展開數學教室

這裡就是數學之國嗎?

什麼數學之國,這裡是超展開數學教室~

兩位就是小昭跟世杰嘛?

你們好,我叫雲方,是他們的高中數學老師。

只教了一學期的老師。

差點被免職的老師。

都在聊生活數學沒有上課的老師。

哎哎!

你們也讓我在第一次見面的同學面前保留點尊嚴~~

哈 哈

咳咳

我們正在準備要給小朋友的數學夏令營,需要更多夥伴。

你們有沒有興趣呢?

超展開數學約會

夕陽下，世杰跟小昭走進校門。

「我們回來看老師的。」

「我們從高中起就是班對了。」

校警揮揮手放他們進來，小昭從校警看不到的角度肘擊世杰。

「我是故意鬆懈他，分散注意力。不然等等問我們哪一班就穿幫了。」世杰裝作很痛的樣子笑說。

他們來到社團大樓。樓梯間，阿叉跟欣好的聲音彷彿歡迎他們似地，遠遠從樓上傳下來。

「阿叉你摺錯了啦⋯⋯這樣摺不出正二十面體的。」

「哪會，我只是先摺這邊，等等再摺這邊⋯⋯」

走上三樓，整排教室只有一間亮著燈。

「你知道有一種捕魚法，就是在深夜的海上點火，然後魚就會靠過來。好像是在新北市的金山吧。」世杰說。

「磺火捕魚嗎？怎麼忽然講這個？」

「也不知道為什麼，就只是忽然覺得我們很像是被光線吸引的魚。」

世杰搔搔頭說，他們來到教室門口，熟悉的身影出現在眼前。欣好跟阿叉正在摺紙，應該在國外的積木拿著一副撲克牌，看起來在練習魔術，商商在用筆電，旁邊放了一本《三國演義》跟一疊計算紙。黑板上寫著滿滿的數學公式，孝和跟一個人站在講台上討論著。

「這裡就是數學之國嗎？」

世杰一出聲，所有人停下手邊的事情往門口看過來。

「什麼數學之國，這裡是超展開數學教室。」

欣好指著門牌，世杰抬頭一看，教室門牌還真的寫了這幾個字。

小昭跑過去撲到欣妤身上。

「欣妤學姊,我還以為妳們不理我們了!」

原本打算繼續吐嘈世杰的欣妤被這麼一撲,表情變得柔和,她拍拍小昭的背說:「我們不是不理妳,是這幾天在幫老師籌辦給小朋友的寒假營隊,累死我們了。」

「兩位就是小昭跟世杰嘛,你們好,我叫雲方,是他們的高中數學老師。」

「只教了一學期的老師。」

「差點被免職的老師。」

「都在聊生活數學沒上正課的老師。」

「哎哎,你們也讓我在第一次見面的同學面前保留點尊嚴。」

雲方苦笑,對大家的吐嘈毫無抵抗。孝和走過來拍拍世杰的肩膀。

「不好意思啦,騙了你這麼久。」

這個場景在世杰腦海中已經預演過好幾次了,雖然整件事情起先是小昭跟他對彼此的誤會,以為對方喜歡數學,但說到底還是孝和他們在旁邊的「努力」,讓他們的誤會越來越深。他還想過,說不定他講的數學題材,欣妤也都教過小昭,他們才可以在約會時這麼一搭一唱,更以為彼此熱愛數學。

根本是耍人嘛。

但世杰也清楚,如果沒有孝和他們不斷製造機會,安排聯誼、出遊,他跟小昭進展得不會這麼順利。從一個角度來看是長達一學期的整人企畫,但另一個角度,又是他們的媒人。世杰還真不知道該用什麼態度面對他們。

「唔,算了,沒關係啦——」他支支吾吾地說。

超展開數學約會

「哈哈哈,你們真的被騙超級久哎!!中間都沒有懷疑過嗎?!」

阿叉在一旁大笑。世杰一看,所有人都在笑,雲方行舉手禮跟他說:「真不好意思,他們就是這樣。」

小昭也邊笑邊說:「我覺得世杰是喜歡數學的噢,只是認識你們之前他自己也不知道這件事。」

他感覺到自己嘴角上揚,開玩笑地跑去踢阿叉的椅子。

「一開始欣好問我認不認識你,我就大概知道是怎麼回事了。」
外送披薩來了,大家坐成一圈吃飯。

「我問他系上有沒有一個叫世杰,很喜歡數學的人。」欣好說。
那時候我正在教你牛頓冷卻定律。

孝和吃了一口披薩,小昭靠著世杰問:「就是咖啡廳的實驗嗎?」

世杰點點頭,孝和說:「實驗有很多外在因素,例如液體顏色也會影響散熱,杯子的材質等等。隨便有一些誤差,結果就會不對了。那次實驗順利,是你們的緣分幫忙吧。」

孝和對世杰使了個眼色。世杰忽然想起,當時他要證明「先靜置後倒牛奶」去櫃台拿冰牛奶,老闆娘特別從冷凍庫裡拿出一杯冰牛奶。當時他還覺得有些奇怪,明明桌上還有一罐,幹嘛要從冷凍庫裡拿。

難道是孝和先請老闆娘特別準備的?

他盯著孝和,孝和沒理他繼續說:「欣好叫我不要講,她想惡作劇一下。我原本想說你們應該很快就會穿幫了。但沒想到你們為了對方都很努力。」

小昭跟世杰對看一眼。

「努力欺騙對方。」阿叉笑說。

「努力為了對方讓自己成為更好的人。」商商糾正阿叉。孝和接著說：「我就想說再等一下，而且到後來，我發現至少你是越來越喜歡數學，開始在生活中也融入了數學思考。」

「小昭也是啊。」聽了欣妤這麼說，孝和問他們，「是嗎？」

「不知道。」

「你們剛剛上樓梯的時候有數幾階嗎？」

世杰搖搖頭，阿叉問：「那有試過 S 型上樓梯的方式嗎？」

「我前陣子發現這樣走好像比較省力。」

那就是了啊！大家又笑成一團。雲方在旁邊補充解釋：

「孝和有算過，斜著走可以讓樓梯的斜率等效來說比較小，所以這樣上樓梯會比較輕鬆。」

「我沒算過，就只是感覺這樣而已。」

世杰嘴硬回答。

「沒算過也沒關係，你聽過語感嗎？數學上也有所謂的數感，你不一定要很清楚數學的所有細節，隱約知道這個跟數學有關，在生活中能使用數學來處理、面對一些問題，這就是數感了。」雲方回答他。

向來是好學生的小昭先舉手才發言：

「我的確有感覺到，這星期就算沒有跟欣妤和大家聯絡了。我跟世杰的對話裡還是常常有數學。」

小昭把他們前幾天在咖啡廳的對話告訴大家。阿叉伸手搭住世杰的肩膀。

「不錯噢，數感越來越好了。」

超展開數學約會

「你們知道邏輯曲線嗎？跟剛剛講到的冷卻定律一樣，都是微分方程的一種應用。」

雲方開口問道，孝和點點頭，其他人搖頭。世杰察覺到，才一個問句，教室裡的氣氛就微妙地改變，進入了上課模式，每個人都專心聆聽雲方說話。這就是超展開數學教室的師生默契嗎？

「假設在時間點 t，喜歡數學且樂意傳播數學趣味的有 N(t) 個人。有 2 個人樂於分享數學趣味，跟有 100 個人樂於分享數學趣味，理論上應該是後者傳播速率比較快吧。因為知道的人很多，當 100 個人都找一個人分享，瞬間就變成了 200 人。從這個角度來思考，我們知道數學趣味散布的速率和此時正在推廣數學趣味的人數成正比，這句話的數學表示法為……」

雲方在黑板上寫下

$$N'(t) \propto N(t)$$

他接著說：

「但倘若今天全台灣只剩 10 個人討厭數學時，推廣速度就會變很慢，因為這時候你跟旁邊的人講數學好玩，他會很開心地跟你討論，你沒有讓一個不喜歡數學的人感受到數學的趣味。太多人知道，導致許多知道的人只能將訊息傳給已知的人，白白浪費了傳遞的機會，降低散布速度。數學上來說，這句話的意思是

$$N'(t) \propto (S - N(t))$$

其中 S 是全校人數，∝ 是成正比的意思。整合連續兩個式子，再將正比用一個常數符號 k 來表示，我們就能得到散布數學趣味的數學方程式。」

「短短一個句子裡有好多數學真拗口。」

阿叉說話的同時，雲方在黑板上寫下

$$N'(t) = kN(t)(S-N(t))$$

一直沉默的積木此刻發言：

「k 就是指傳播的力道對嗎？同樣是傳播，如果是數學可能會比較慢一點，但如果是八卦新聞就會很快。」

「可能也跟傳播者的技巧有關，會講的人可以很快傳播出去，剛開始分享的人會比較慢。」

雲方點點頭。

「不過你們還是做到了啊，讓我們多了兩位新成員。」

大家的目光投向小昭跟世杰。被大家看得有點不好意思，世杰說：「好啦，我的確一開始非常討厭數學，因為我對數學的印象就是計算。但這一學期下來，我發現數學真的還滿多功用的，能夠描述生活中的場景，能夠幫助我們做決定。」

「還能夠幫你追到你的理想情人。」

阿叉一接話，大家都笑了出來。雲方放下粉筆，很開心地跟世杰和小昭說：「我們正在準備給小朋友的冬令營，需要更多喜歡數學的工作人員，你們要不要來幫忙呢？」

世杰跟小昭對彼此露出會心一笑，他們對雲方點點頭。

超展開數學約會

「謝謝老師！」
超展開數學教室就這麼又多了兩位成員。

# 外傳

# 外傳 1

## 捷運地下委員會

一條昏暗的捷運隧道在孝和眼前展開。
約四、五米挑高，往深處望去，有種整個人要被吸進去的錯覺。
軌道上鋪了好幾大片塑膠地板，他們坐在上方。
空氣中瀰漫一股柴油發電的油氣味，幾十條電線從發電機出發，
像地底才有的藤蔓品種，攀爬上水泥牆，抵擋不過重力，
從隧道頂垂吊下來，開出一朵朵澄黃色的工業燈泡。
不遠處，有一塊用伸縮圍欄拉出的區域，
幾片模糊的身影側躺在那兒。
更遠處有許多箱子，整齊堆疊著。

真的有「捷運地下委員會」這個組織？

敵人為初代會長，鏡頭在哪裡？

沒那種東西。

客人得坐在第一節車廂末端的靠右三人座，將物品貼上貼紙，用LINE告訴我們正通過哪一站，要送達的站，把物品放在座位底下，我們就去收貨。

捷運網路就像台北市的血管，血管能輸送氧氣，捷運當然也能送貨。

不會被別人拿走嗎？

況且，都市人最擅長對奇怪的事情裝作沒看到。

大家都在滑手機，不會有人注意到座位底下的。

超展開數學約會

才到中正紀念堂站嗎?今天看書效率還挺高的。

孝和放下手中的講義。

上大學後,他養成在捷運上閱讀的習慣。早上 11 點的捷運車廂空蕩蕩,彷彿是為了將郊區的新鮮空氣運送到市中心而行駛,只有孝和與另一位乘客,那人身旁擺了個紙箱,乍看之下也是剛上大學的年紀,卻散發出一股同學沒有的氣息。正確地說,是少了大學生的青春氣息,更像社會人士。

為什麼可以這時候在捷運上,業務員嗎?不,業務員不應該穿 Uniqlo 襯衫跟牛仔褲……

孝和猜測起對方背景,藉此打發時間。

列車抵達台電大樓終點站。孝和下車,轉身面對月台,等往公館的下一班列車。

忽然,他意識到月台上只有自己一人。

那傢伙不見了。

幾天後孝和又遇見他了。

那人坐在相同的位子,偶爾看手機,大多時間往漆黑的窗外看著。或許是錯覺,孝和覺得投影在窗戶上的那張臉不時窺視著自己。比起無趣的學校,曾經莫名其妙消失的傢伙讓孝和更感興趣。他沒在公館下車,一路來到了終點站新店。下車後,孝和保持一段距離,用眼角餘光觀察對方,兩人一前一後上電扶梯、出站。站外的洗手間,清潔人員正擺上「清理中」的黃色告示,那傢伙卻視若無睹地走了進去。

「不好意思。」

孝和低聲道歉後也跟了進去。

# 外傳 1

捷運地下委員會

---

　　那傢伙站在最內側的小便斗前,與孝和對望了一秒,又像沒看見他似地,轉過頭吹起口哨。孝和走向小便斗。忽然,三間廁所門都被推開,三個邋遢的中年男子走出來,擋住孝和的去路,從他們緊靠的身上傳來一股刺鼻體味。孝和察覺不對勁,準備轉身離開,卻被一支拖把從背後頂住。

　　「不要動。」

　　清掃人員的聲音從看不見的死角傳來。

　　「上完廁所的瞬間最舒服了,呼。你是怎麼發現的?」

　　孝和沒回答。對方吹著口哨走過來,似乎是英國搖滾天團 U2 的〈With or Without You〉旋律。他伸出手。

　　「我叫賴皮,你好。」

　　「你還沒洗手。」

　　「真的有『捷運地下委員會』這個組織?」

　　「敝人為初代會長,鏡頭在哪裡?」

　　「沒那種東西。」

　　孝和伸手制止賴皮比 Ya 的手勢。儘管剛認識,兩人卻像老友一樣打鬧著。孝和覺得賴皮和他高中死黨很像,都是思考很超展開的人。以前死黨還說過「籃球隊先發五人,棒球隊先發九人,為什麼女朋友只能先發一人」這種莫名其妙的話。

　　「不能拍照噢,禁止攝影。」

　　賴皮露出正經的表情,孝和吐嘈道:

　　「這裡是博物館嗎?」

　　事實上,這裡恐怕是跟博物館相差最遠的地方了。

　　在孝和眼前展開的是一條昏暗的捷運隧道,約四、五米挑高,

超展開數學約會

往隧道深處望去有種整個人要被吸進去的錯覺。軌道上鋪了好幾大片塑膠地板，他們坐在上方。空氣中瀰漫一股柴油發電的油氣味，幾十條電線從發電機出發，像地底才有的藤蔓品種，攀爬上水泥牆，抵擋不過重力，從隧道頂垂吊下來，開出一朵朵澄黃色的工業燈泡。不遠處，有一塊用伸縮圍欄拉出的區域，幾片模糊的身影側躺在那兒。更遠處有許多箱子，整齊堆疊著。

20 分鐘前，賴皮帶孝和搭上終點站是台電大樓的列車。

「趕快躲到椅子下。」

賴皮邊指揮孝和，自己躲到對面椅子底下。站務人員的腳從他們面前經過，沒停下來，不知道是沒看到，還是跟賴皮有默契。他們在折返的袋狀軌處扳開車門，步行到原本作為擺放備用列車，如今已荒廢的軌道。

這是捷運地圖上沒有的區域，同時也是捷運地下委員會的總部。

「還是不相信嗎？」

賴皮發出嘖嘖嘖的聲響，皺起眉頭。

「人類真容易被『常識』束縛，常識裡不該有的存在，親眼見到了也無法相信。」

他裝起客服人員的腔調。

「各位先生女士，捷運地下委員會起源於民國八十五年。當時淡水線剛通車，遊民喜歡躲進尚未啟用的隧道裡生活，當局發現後，一方面同情遊民生活，一方面怕強力驅趕引發社會問題，便睜一隻眼閉一隻眼。為了感謝捷運局通融，遊民主動幫忙工程。雙方就像小丑魚跟海葵互利共生。爾後捷運網路發達，遷徙至地下的遊民也越來越多，便成立了捷運地下委員會。除了協助工程，今年更將觸角延伸至送貨服務。」

# 外傳 1

## 捷運地下委員會

「送貨服務？」

賴皮點點頭。

「捷運網路就像台北市的血管，血管能輸送氧氣，捷運當然也能送貨。」

「我們不僅是小丑魚，還是紅血球。」賴皮雙手插腰，一臉得意的樣子。

地下委員會的送貨方式是這樣的：某幾站的廁所掃具間裡設有販賣機，販售一張 50 元、上面繪製了「U2」的黑底紅字貼紙，販賣機上有 QR code 可加 LINE ID。

「為什麼叫 U2？」

孝和把玩著賴皮遞給他的貼紙。

「因為是捷運（underground）的地下（underground）服務委員會啊，剛好兩個 U。」

「台北捷運叫做 MRT 又不是 underground，根本是因為你喜歡 U2 吧。」

「那是巧合。」

賴皮不理會孝和，繼續解釋。

「客人得坐在第一節車廂末端的靠右三人座，將物品貼上貼紙，再用 LINE 告訴我們此刻正通過哪一站、要送達的車站，再把物品放在座位底下，我們就會去收貨。」

「不會被別人拿走嗎？」

賴皮用「這是什麼問題」的表情瞪了孝和一眼。

「現在捷運上每個人都在玩手機，不會有人注意到座位底下的。況且，這裡是台北市，都市人最擅長對奇怪的事情裝作沒看到。」

果然又是常識害的嗎，孝和心想。

### 超展開數學約會

「收到後，我們會於24小時以內以遺失物品的名義送達到該站服務處。之後，收件人就可以去取貨了。」

解釋完，賴皮又吹起口哨，這次換成 U2 的〈Pride(In the Name of Love)〉。孝和採取正面攻擊發問。

「幹嘛告訴我這麼多？」

「因為我們需要你的幫忙。」

賴皮露出狡猾的笑容。到這邊起才是重點。

賴皮起身走向牆邊，孝和跟在後頭，牆上貼了幾十張表格，記錄捷運不同站間的乘車時間。

「我們最近送貨服務越做越好，開始有些忙不過來，所以得好好規劃起送貨流程。好比說，等等輪到仁叔送貨。」

賴皮往休息區一指，也不管孝和到底有沒有搞清楚仁叔是誰，

「他得送到『板橋、中山、動物園、徐匯中學、南京復興、市政府、善導寺、大安森林公園』八站。你覺得送貨順序怎麼排會比較好？」

| 乘車時間（分） | 台電大樓 | 板橋 | 徐匯中學 | 南京復興 | 市政府 | 動物園 | 中山 | 善導寺 | 大安森林公園 |
|---|---|---|---|---|---|---|---|---|---|
| 台電大樓 | -- | 18 | 27 | 16 | 22 | 31 | 11 | 13 | 10 |
| 板橋 | 18 | -- | 35 | 20 | 23 | 39 | 15 | 14 | 24 |
| 徐匯中學 | 27 | 35 | -- | 18 | 26 | 41 | 14 | 20 | 25 |
| 南京復興 | 16 | 20 | 18 | -- | 11 | 18 | 4 | 10 | 10 |
| 市政府 | 22 | 23 | 26 | 11 | -- | 26 | 15 | 9 | 17 |
| 動物園 | 31 | 39 | 41 | 18 | 26 | -- | 27 | 24 | 21 |
| 中山 | 11 | 15 | 14 | 4 | 15 | 27 | -- | 7 | 10 |
| 善導寺 | 13 | 14 | 20 | 10 | 9 | 24 | 7 | -- | 9 |
| 大安森林公園 | 10 | 24 | 25 | 10 | 17 | 21 | 10 | 9 | -- |

# 外傳1

捷運地下委員會

「這是旅行業務員 ──」

賴皮打斷孝和。

「我是這樣安排的：

| 賴皮的直覺法 | 台電大樓 | 板橋 | 徐匯中學 | 中山 | 南京復興 | 市政府 | 動物園 | 大安森林公園 | 善導寺 | 台電大樓 | 總和 |
|---|---|---|---|---|---|---|---|---|---|---|---|
| | 18 | 35 | 14 | 4 | 11 | 26 | 21 | 9 | 13 | -- | 151 |

根據捷運局公布的時間，需要花 ──」

「151 分鐘。」

換孝和打斷賴皮。

「好厲害！這麼快就算出來了。」

賴皮提高音量，發出由衷的讚美，孝和的表情沒有任何變化，依然專注地看著牆上的表格。

「地表人真沒禮貌，被讚美了難道不該道謝嗎？」

「你有兩隻手跟兩隻腳，好厲害。」

「這跟那有什麼關係？」

「看吧，你也沒說謝謝。聽到對方陳述一件事實，本來就不需要道謝吧。」

賴皮做出下巴脫臼的誇張姿勢，然後嘴角露出反擊的笑容。

「也是，畢竟是數學天才孝和嘛。」

突然被叫出本名，孝和還沒反應過來，一本書先出現在眼前，

「上週有人用我們的服務送了這本《超展開數學教室》，我一看，就覺得書裡的人好眼熟，跟捷運上常看到的某位大學生很像。」

超展開數學約會

被將軍了,孝和哭笑不得。

前陣子,他們高中時期和老師雲方用數學解決各種生活問題的經歷被出版後,死黨阿叉還用 LINE 問他:

「怎麼辦,會不會有人在路上認出我們啊?」

「你放心吧,書被分在數學科普類,通常不會賣很好。」

「什麼嘛──」

孝和這才意識到原來阿叉是巴不得被認出來。沒想到先一步被發現的是他,還因為這本書被捲入了這近似都市傳說的組織。

「我知道了。你要我幫忙排送貨流程嗎?」

賴皮點點頭。

「跟聰明人講話真輕鬆。現在都靠我慢慢排,其他人懶得要命,要是不事先排好,他們就會隨便選。像仁叔每次都選『最近的下一站』,照他的方法這趟得花 181 分鐘,比我規畫的多了半小時,太浪費⋯⋯」

| 最鄰近搜尋法 | 台電大樓 | 中山 | 南京復興 | 善導寺 | 大安森林公園 | 市政府 | 板橋 | 徐匯中學 | 動物園 | 台電大樓 | 總和 |
|---|---|---|---|---|---|---|---|---|---|---|---|
| | 11 | 4 | 10 | 9 | 17 | 23 | 35 | 41 | 31 | -- | 181 |

賴皮劈哩啪啦講著,孝和將他的話視為背景噪音,腦海裡開始運算。等賴皮告一段落,他才開口

「這是標準的旅行業務員問題(Traveling Salesman Problem)。」

# 外傳1

## 捷運地下委員會

「嘎?」

「我剛一開始就說了,是你打斷我的。」

「想像有位業務員要造訪很多城市,城市間有道路連接。以造訪完所有城市為前提,業務員該如何規畫造訪順序,才能走最短距離、花費最少時間,這就是旅行業務員問題。」

孝和在地下幾十公尺深的地方上起數學課。

「仁叔的『最近站為下一站』是最鄰近搜尋法(Nearest Neighbor Search)。」

「仁叔的方法也是數學家提出來的?當數學家也沒想像中的難嘛。」

賴皮不以為然地說,孝和瞪了他一眼。

「最鄰近搜尋法的優點在於簡單,但效果通常不好,用像你這種程度的大腦去規畫一下,往往就可以得到更好的結果。」

「太失禮了吧,什麼叫做『像我這種程度的大腦』,全台灣有誰比我更了解捷運,你能背出淡水信義線沿線每一站嗎?淡水、紅樹林⋯⋯」

賴皮念咒似地背起來,孝和研究乘車時間表格,圈起其中幾個欄位。

「大安森林公園、信義安和、大安⋯⋯顛倒了⋯⋯這幾站安來安去真煩,你知道嗎,我常因此被下錯站的觀光客問路⋯⋯101、象山站!」

「不錯嘛,真的背完了。」

「當然,哈哈。你把這幾個圈起來做什麼?」

孝和原本想說「這才叫讚美,因為你做了超乎預期的事」,但

看到賴皮一臉得意，他反而失去了嘲諷的興致。

「另一種簡單的方法叫做貪婪演算法：**每次都將最短的兩站間路徑加進路線**。比方說，中山站到南京復興之間的路徑最短，只要4分鐘，所以是第一條要納入的路徑。再來，善導寺跟中山站之間的路徑第二短，只有7分鐘，也要納入路徑。這麼一來會得到『善導寺→中山→南京復興』或反過來『南京復興→中山→善導寺』兩種路線。」

「再來是9分鐘的市政府或大安森林公園到善導寺，路線擴充成『市政府或大安森林公園→善導寺→中山→南京復興』嗎？」

孝和點點頭。其實旅行業務員問題還有很多效果更好的演算法，例如插入法（Insertion Algorithm）、分支界定法（Branch and Bound），但講解起來太過複雜，他便選了跟最鄰近搜尋概念相似的貪婪演算法。孝和列出貪婪演算法結果：

| 貪婪演算法 | 台電大樓 | 板橋 | 徐匯中學 | 大安森林公園 | 動物園 | 市政府 | 善導寺 | 中山 | 南京復興 | 台電大樓 | 總和 |
|---|---|---|---|---|---|---|---|---|---|---|---|
| | 18 | 27 | 25 | 21 | 26 | 9 | 7 | 4 | 16 | -- | 153 |

「共計153分鐘。」

「比我的規畫慢2分鐘。」

賴皮摸摸下巴，對孝和投以懷疑的眼神。孝和不屑地鼻子噴了口氣，冷笑說：

「有經驗的人靠直覺解旅行業務員問題，本來就可以得到不錯

的結果。但你剛才不是嫌只有你才會排嗎？貪婪演算法的話只要遵守規則，仁叔也能排出跟你精心設計路徑差不多的結果噢。」

孝和頓了頓。

「只要善用數學，一般人跟『專家』的距離就能縮小。更何況我還沒講完。」

孝和指著倒數的中山站和南京復興說：「我們交換這兩站順序。從『**善導寺→中山→南京復興→台電大樓**』變成『**善導寺→南京復興→中山→台電大樓**』。有兩條路徑會因此變更。」

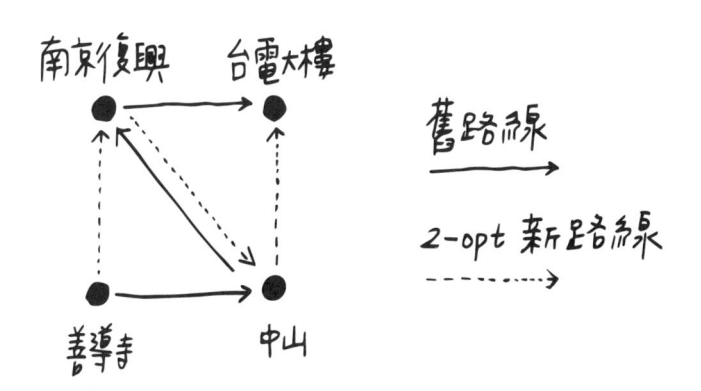

孝和畫出示意圖：

「因為有兩條路變換，稱之為二元素最佳化 (2-opt)，最佳化後變成 151 分鐘，跟你的方法一樣了。」

賴皮表情變得複雜，他既不想被超過，又因為找到好方法而開心。孝和看了好笑，用帶點安慰的口吻說：

「你的路徑也可以靠 2-opt 改善。另一種方法是直接調整某站在

排序裡的位置。比方說把南京復興從善導寺跟中山之間，移到動物園跟市政府之間。這個調整會導致三條路徑要重算，因此稱為『三元素最佳化（3-opt）』。」

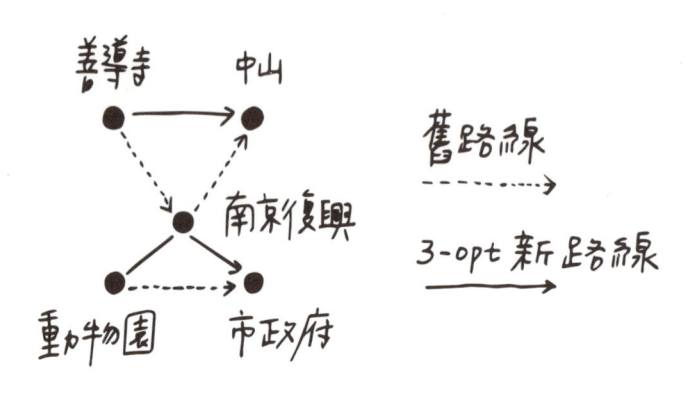

「最佳化後再少 4 分鐘。重複 2/3-opt 四次後可以得到這樣的結果

| 貪婪演算法 +2/3-opt | 台電大樓 | 板橋 | 善導寺 | 市政府 | 動物園 | 南京復興 | 徐匯中學 | 中山 | 大安森林公園 | 台電大樓 | 總和 |
|---|---|---|---|---|---|---|---|---|---|---|---|
|  | 18 | 14 | 9 | 26 | 18 | 18 | 14 | 10 | 10 | -- | 137 |

只要 137 分鐘就能送貨完畢，比仁叔的方法快了 25%。整套調整的方法稱為 Lin-Kernighan 演算法。」

# 外傳 1

捷運地下委員會

- ■ 貪婪演算法 + 2/3-opt
- ▨ 賴皮的直覺
- □ 最鄰近搜尋法

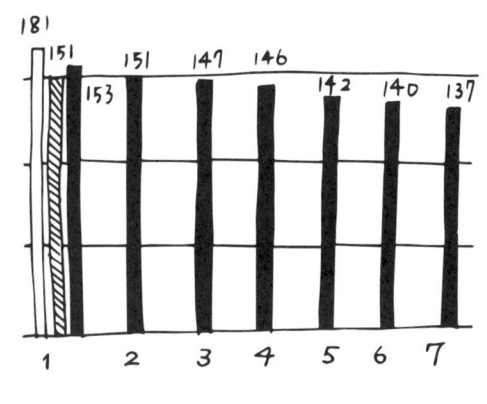

使用 2/3-opt 改善的次數

　　賴皮拿起筆自己算起來，孝和注意到他握筆姿勢怪怪的，宛如小學生的字體逐漸填滿整張白紙。幾分鐘後，賴皮讚嘆。

　　「原來這就是數學，將事情變得有邏輯，用有系統的方法解決。」

　　一個念頭在孝和心中閃過。

　　「賴皮，你該不會──」

　　「嗯，我是在捷運上被發現的棄嬰。當時收留我的就是仁叔。捷運地下委員會最初也是為了照顧我而成立的組織。」

　　原來眼前的人連身分證都沒有，是真正的幽靈人口。

　　孝和揣摩著遊民們撿到賴皮時的心境。一個新生兒的出現，對他們來說必然是個負擔，但或許也帶來了生存下去最必須擁有的兩種情感：「希望」與「被需要」。

賴皮搖搖頭說：

「名字是仁叔亂取的，我才不是真的姓賴咧。我的知識都是自學來的，雖然常聽說上學很無聊，不過我還是羨慕能上學的人。所以看到你們的《超展開數學教室》才這麼興奮。我想體驗看看，就算一次也好，進教室聽課。」

「你會失望的。」

「失望也是人生的一部分。」

賴皮攤了攤手。

「好吧。那你有沒有想過乾脆離開地底，回到正常社會生活呢？」孝和搖頭回答。

賴皮笑著說：「對我來說這裡是家。儘管家裡比較髒亂，環境比較不好，但你會因此離開家裡嗎？」

孝和完全懂賴皮的意思。他自己也是這樣想，所以儘管這幾年來台灣狀況越來越不好，但他依然沒接受長輩們的建議，到國外唸大學。

一股莫名其妙的認同感驅使他說出：「好人做到底，我回去後寫個程式。以後你們只要輸入站名，程式就能輸出最佳送貨順序。」

「太棒了！身為地下委員會主席，我要好好感謝你的幫助。」

賴皮從口袋裡掏出厚厚一疊的貼紙。

「我授予你地下委員會榮譽委員，可終身免費使用送貨服務。」

誰需要這種東西啊，孝和正想推辭時，「附帶一提，你也可以在雨傘上貼這個。要是雨傘掉在捷運上，趕快傳 LINE 給我，我們立刻幫你送回去。這算是變形的失物代拾服務。」

這就滿有用了，孝和收下了貼紙。賴皮轉身，俐落地從軌道跳上月台，回頭對孝和伸出手。

# 外傳1

捷運地下委員會

「我送你回去吧。」

遲疑了一下,孝和伸手與賴皮相握。

「你到現在還是沒洗手。」

「哈哈哈。」

「賴皮這名字取得不錯,跟你的個性很貼切。」

「當然,家人取的嘛。」

孝和仰望月台上的賴皮,工業燈泡的光澤在他眼底流動,襯著昏暗的捷運地下隧道,顯得格外閃亮。

一週後,孝和把程式寄給賴皮,附了一份程式碼說明。如今每當想起有一群人,定居在巨大的捷運地下網路中,孝和就感到奇妙。

捷運車門打開,上午十一點的捷運空蕩蕩,彷彿只是為了運送郊區的空氣到市區。他從包包裡拿出一件籃球球衣,一本在二手書店找到的歷史小說,這是要給高中死黨阿叉以及他女友商商的。他在書裡夾了張紙條,上面寫了「下週四一起回學校看老師」,再將書與球衣裝進袋子,貼上 U2 貼紙。

捷運停車,上來一整群校外教學的國小學生,用高分貝的交談塞滿整節車廂。孝和站起來,往第一節車廂走去。

來到最末端的座位,他瞥見座位底下隱約有個物體的輪廓。有人先一步送了貨嗎?他彎下腰檢查。

此時,後方傳來熟悉的聲音。

「客人,送貨嗎?」

# 外傳 2

## 用數學找出班上的風雲人物

孝和發現教室裡只剩自己。
一算數學就會失去與外界的連結,這是他的老毛病。
走出教室,運球聲從籃球場上傳來。
那個籃球男阿叉一定正在打球吧,
這麼想的時候,孝和看見阿叉站在前方。
「我撿到一個皮包。」
「送去警察局啊。」
「太消極了吧。證件上的地址剛好在學校附近,
皮包掉了那人一定很緊張,這種情況下送到他家比較好吧。」
「好啊,加油。」
「等等,這種情況下應該要說『好啊,我陪你去』。」

知識雖然很重要，但朋友更重要。

到新學校要好好交新朋友。

不然會變得跟爸爸一樣噢。

如果找到風雲人物，就能交到很多朋友了。

大家好，我是孝和，喜歡的科目是數學。

那我們來交換，

籃球。

欸你數學很強噢？

你教我數學，我可以教你...

超展開數學約會

「應該是班長吧。」

孝和盯著計算紙自言自語，紙上是一幅錯綜複雜的「連連看」。放學前的掃除時間，同學們一群群地在打掃、嬉鬧、聊天。孝和像滴入一杯水裡的油，被隔絕在教室歡樂的氛圍之外，獨自坐在位子上。他露出一絲笑容，這個狀況到今天就會結束，因為他已經算出來，該跟誰交朋友了。

這是他轉學的第三天。

一個多月前，因為爸爸工作被調到外地，孝和全家得搬家。晚餐桌上，媽媽帶著歉意說：

「對不起，得讓你跟好朋友分開。」

「什麼？為什麼特特不能一起帶走？」

看到媽媽不解的眼神，孝和才知道她說的是學校朋友，不是從小每天晚上陪他睡覺的泰迪熊特特。

「放心，我沒朋友。」

聽到孝和用「別擔心」的口吻回答，爸爸媽媽更擔心。

「到現在還沒交到朋友嗎？」

「對啊。」

「在學校不會無聊嗎？」

「不會啊，我每天從爸爸書架上拿一本數學書，現在看到第三排的第六本，一本講圖論（Graph Theory）的書，超級好看的，不可能有同學比圖論還好玩。」

孝和露出滿足的笑容。

「都是你啦，怎麼會有國中生看過的數學書比交過的朋友還多。」

# 外傳 2

## 用數學找出班上的風雲人物

爸爸搖搖頭不知道該怎麼回答,他是一位對數學狂熱的工程師,受到影響,從小比起一般玩具,孝和更喜歡數學益智遊戲。也因為這樣,他在學校一直沒辦法交到朋友。他成績很好,人也很善良,但對同學們的嗜好從不感興趣,加上常問倒數學老師,久而久之,同學們對孝和充滿敬畏,不敢親近。

與其說是被排擠,不如說是孝和獨自排擠了全班更恰當。

「知識雖然很重要,但朋友更重要。到新學校要好好交新朋友。」媽媽神情凝重地叮嚀。「不然會變得跟爸爸一樣噢。」

「變成跟我一樣就真的不太妙了。」

孝和是個很體貼的小孩,他看見了父母眼神裡的擔憂。好吧,到新學校後就交朋友,既然要做就做到最好,直接以「成為班上的核心人物」為目標吧。

「千萬不要把交朋友看成在解數學題目噢,交朋友不是用腦,是用這裡的。」

媽媽輕拍孝和的胸口。

「大家好,我是孝和,喜歡的科目是數學。」

第一天早上自我介紹完,孝和從講台走向他的位子。他知道班級是小型的社會縮影,每個人都有自己的朋友圈,然後,還有一兩個所謂的風雲人物,班上的風氣是由他們來決定。如果第一位朋友是這種人,自然在班上的階級也會迅速竄升。

問題是該怎麼找到風雲人物呢?

「……你數學很強噢,那我們來交換,你教我數學,我可以教你……」

孝和注意到有人在跟他講話,他往右轉,一個身材和自己差不

超展開數學約會

多高、穿球褲的男生咬著筆。

「……籃球！」

孝和笑笑地點頭，他對這種過度熱情的人最沒辦法了。而且比起回應，他有更重要的事情要做：他想出來怎麼利用數學找出風雲人物了。

三天後，孝和用剛學的「圖論」整理出一份班上同學的人際關係：一個同學表示一個「頂點」（vertex），兩個人倘若要好，他們的對應頂點就用一條線相連，稱為「邊」（edge）。一個同學有幾位好朋友，頂點就會有幾條邊，此數目稱為「度數」（degree）。

直覺上我們會誤以為風雲人物是人緣最好，度數最大的頂點。但孝和覺得，風雲人物的重點在「感染力」，只要他做什麼，其他人就會被影響，跟朋友數目沒有絕對關係。

「你在玩連連看嗎？看不出來連起來會變成什麼哎。」

「毛線球。」

「怎麼會有連連看連出來是毛線球的！！是給貓玩的連連看嗎？！」

籃球男又湊過來打亂孝和的思緒。

籃球男，大家都叫他阿叉，在班上人緣最好，擁有的度數比第二名還多5，每節下課都跟不同的同學聊天。孝和心想，但絕對不是班上的風雲人物，因為他沒戴幸運手環。

第一次踏進教室，孝和就注意到班上很多人戴著彩色綿線編成的幸運手環。「你也戴了嗎？」、「下課我們去買一條吧。」聽到同學們的對話，他就知道這一定是風雲人物引領的流行。孝和將有戴幸運手環的同學頂點用藍筆塗滿，像溢出的地下水一樣，關係圖

# 外傳2

用數學找出班上的風雲人物

---

中間浮現一大片藍色區域。現在的問題是,該怎麼從這裡面找出源頭是誰。

先假設源頭是看起來就很像領導人物的班長吧,孝和用鉛筆將班長頂點圈起來。如果是班長開始戴幸運手環,接下來將傳到跟班長要好的那幾個同學,孝和將這些人與班長之間的邊用鉛筆描深,再將這些人代表的頂點也圈起來。下一次可能被影響的對象,就是與這幾個被鉛筆圈起來的頂點有連結的點。

如果說班長是核心,與班長要好的人是第一圈,這些人就是第二圈。孝和將第一圈與第二圈之間的邊再描深。接著繼續往第三圈、第四圈畫下去,直到所有戴手環的人都被鉛筆圈起來。

他將圖拉遠,原本覺得像是以班長為核心的鉛筆同心圓,此刻看起來更像一顆以班長為根的樹,他想起圖論裡介紹過,一張連結好的圖可以畫出一棵樹(tree),有很多不同的畫樹方法,他此刻使用的恰好是廣度優先樹(breadth-first tree),班長則是樹的根(root)。

照這樣來看,班長很有可能是這次流行的源頭。

但孝和馬上發現他想錯了,因為用其他人作為根依然也可以畫出一棵樹。能畫出一棵樹不代表什麼,關鍵應該是,假如能畫出一百棵樹,以誰作為根的那棵樹出現的機率最高。這時根據最大似然估計(maximum likelihood),就可以知道誰最有可能是風雲人物了。

孝和發呆了幾分鐘,改從玩具範例(toy example)下手,將問題的維度變小以便思考。他在另一張白紙上畫著

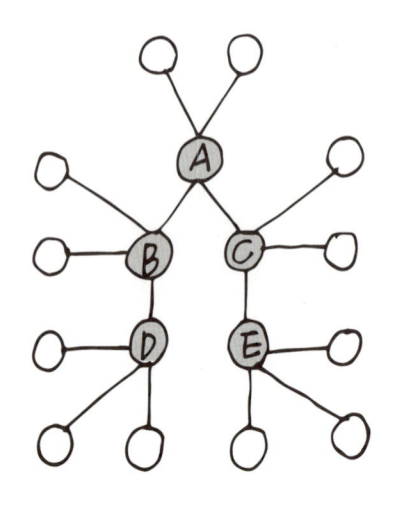

| 時間點<br>可能路徑 | 1 | 2 | 3 | 4 |
|---|---|---|---|---|
| 1 | A→B | A→C | B→D | C→E |
| 2 | A→B | A→C | C→E | B→D |
| 3 | A→C | A→B | B→D | C→E |
| 4 | A→C | A→B | C→E | B→D |
| 5 | A→B | B→D | A→C | C→E |
| 6 | A→C | C→E | A→B | B→D |

這張圖共有 17 個點，中間 5 個塗上藍色的點表示戴幸運手環的人。以 A 為根可以畫出一棵廣度優先樹，從 A 出發，到第二輪的 B 與 C，再到第三輪的 D 與 E。

但倘若每次只有多一個人戴手環，則可能是 A 傳給 B，A 再傳給 C，然後 B 傳給 D，最後 C 傳給 E，寫作 A→B→C→D→E；也可能是別種傳遞方式，算算共有 6 種傳法可以完成這棵廣度優先

# 外傳2

用數學找出班上的風雲人物

樹。

同一棵樹有這麼多不同的排列可能性,孝和對結果感到些微訝異。

下一個問題是,每一種排列的機率又是多少呢?

如果能把每一種排列的機率算出來,再加總起來就是整棵樹出現的機率了。

孝和假設每一個時間點,每一位戴手環的人都有一樣的機率會影響他周圍沒有戴手環的人。以受影響的順序以 A → B → C → D → E 排列來說,第一個時間點 A 周圍有 4 個可以影響的人,因此影響到 B 的機率是 1/4。第二個時間點有 A 與 B 兩個點周遭可以被影響的點數高達 6,因此影響到 C 的機率是 1/6。依此類推,最後可以得到此排列的機率是 $1/4 \times 1/6 \times 1/8 \times 1/10$。這張圖剛好不管怎麼算,每個排列的機率都是 $1/4 \times 1/6 \times 1/8 \times 1/10$,因此整棵樹的產生機率就是($1/4 \times 1/6 \times 1/8 \times 1/10$)$\times 6$(因為共有 6 種可能的影響順序)。這個值就是 A 作為風雲人物的機率。接著,改成以 B 或其他人為根的樹,用同樣的方式計算,便能算出其他人是風雲人物的機率。

孝和滿意點點頭,他現在能靠圖論與機率,分析出班上的領導人物了。

「要關門囉。」

校警的聲音打斷孝和的思路。他抬起頭,注意到教室裡只剩自己。一算數學就會失去與外界的連結,這是孝和的老毛病。走出教室,校舍被金黃色的夕陽包裹,運球聲從籃球場上傳來。

那個籃球男阿叉一定正在打球吧,孝和這麼想的時候,看見了

超展開數學約會

阿叉彎腰站在前方的校門口。

「我撿到一個皮包哎。」

鼓起的黑色皮夾看起來放了很多東西。

「送去警察局啊。」

「太消極了吧。裡面的證件有地址，剛好就在學校附近，皮包掉了那人一定很緊張，這種情況下送到他家比較好吧。」

「好啊，加油。」

「等等等等，我們不是同學嗎？這種情況下你應該要說『好啊，我陪你去』。」

哪裡有這麼多「這種情況下」的。孝和原本想拒絕，但算數學算累了，他也想散步休息一下。

兩人一前一後走著，阿叉說：「剛轉過來一切都還順利嗎？我看你每天都在寫作業，沒跟什麼同學講話。雖然成績很重要，但這種情況下——」

「應該多跟同學聊天對吧。」

孝和搶先一步吐嘈，阿叉愣了兩秒，兩人同時大笑。飄散在空氣的生澀被笑聲吹散，不知不覺間，兩人並肩走著。

「失主一定緊張得要死了，要是我掉皮包的話噢……」

聽著阿叉說話，孝和忽然覺得找出風雲人物的想法很幼稚。交朋友應該是找善良、跟自己聊得來的才對吧。眼前這傢伙，看起來就跟自己調性很互補，他們應該會成為好朋友。

「應該是這條路右轉——」

「你為什麼沒戴幸運手環啊？」孝和問。

「斷掉了。」

「嘎？」

「你不知道嗎,戴幸運手環的目的就是要讓它斷掉啊。戴上去之前要先許願,等到斷掉了,願望就會實現。」

阿叉得意地說:「我可是班上第一個戴,也是第一個斷掉的噢。」

# 外傳 3

## 十年後……

阿亨大教堂跟世杰照片裡的一模一樣，
不，應該說是更宏偉壯觀。
踏進教堂，我彷彿走入了相片裡的世界，
1200 年前神聖羅馬帝國的皇帝在這裡加冕。

1200 年後，我從一萬公里來到此地。
這一切都源起於 10 年前的一份等腰直角三角形三明治。

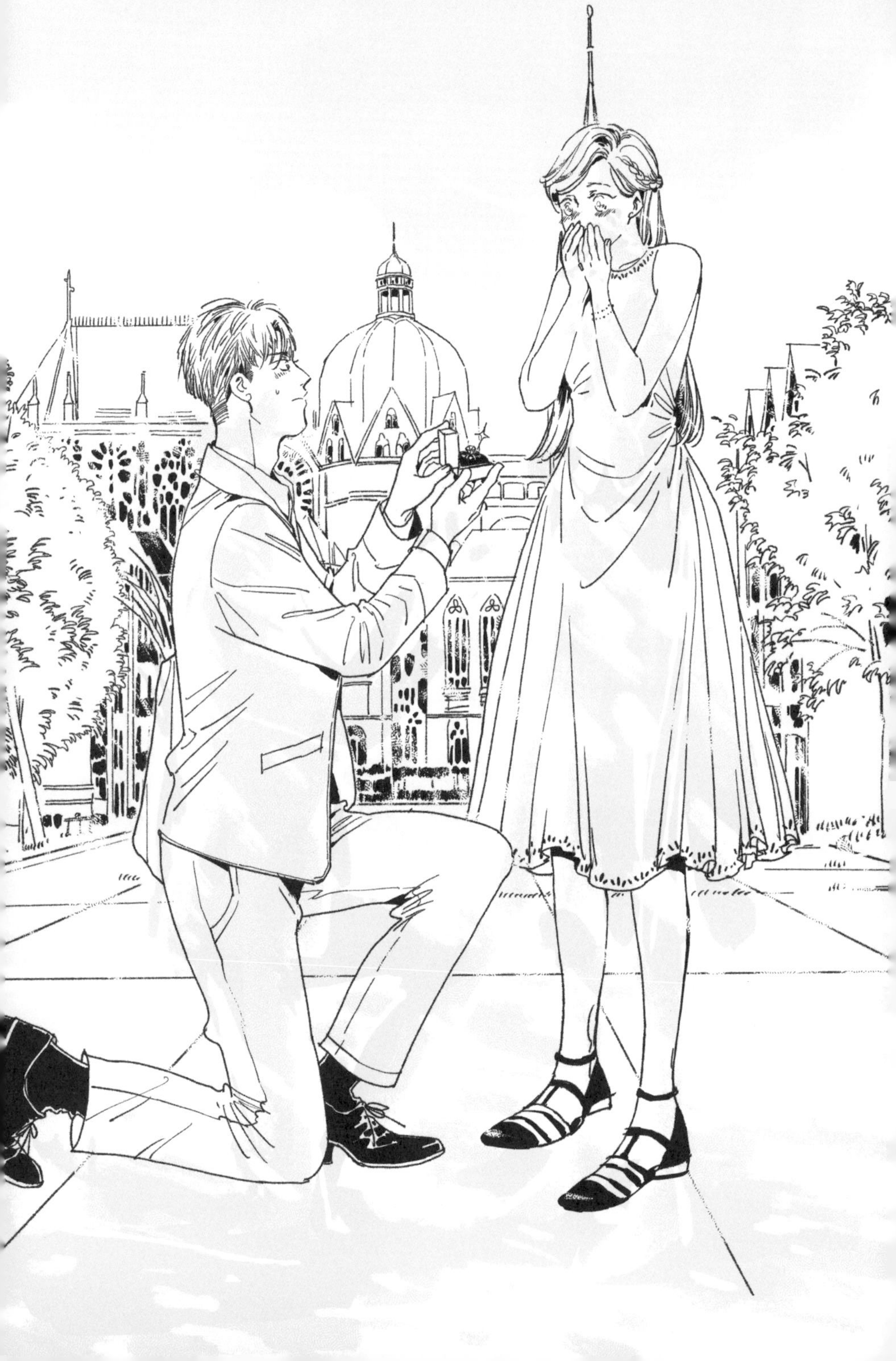

## 超展開數學約會

早上,我睜開眼睛,眼前一片雪白,這是天堂嗎?

不對,我在地獄,有著雪白天花板的地獄。這是德國阿亨(Aachen)K公司的員工宿舍。只要小昭不在的地方都是地獄,這裡距離台灣 10,000 公里,所以是地獄一萬層。

＊

為什麼我會離開小昭,跑到連天花板都一塵不染的德國呢?

這都要怪「機會難得」。

去年,公司提出人才計畫,要輪調潛力新人出國。我壓根沒想去,只想待在小昭身邊。

「這麼難得的機會!表示公司肯定你是人才,看重你。」

「我不需要被肯定就知道自己是人才了!」

我像小孩一樣耍脾氣。

「如果你跟我去我就去。」

「我也很想啊～只是工作該怎麼辦呢?家人也不會同意我辭職。除非──」

「我願意,我願意娶妳。」

我立刻單膝著地。我不是說著玩的,我連戒指都準備好,只差沒隨身攜帶。

為了挑戒指,我還趁著小昭睡著時偷量過她的指圍,意外發現戒指跟鞋子一樣,有美國碼、歐洲碼等等。

小昭像摸小狗一樣摸摸我的頭,蹲下來跟我說

「我們說好了不是嗎?現在還太早,等工作都站穩腳步了,再一起建立家庭。」

# 外傳 3

十年後……

「A bird after a bird。」

一次做一件事,專心享受每一刻。

我一方面懂,一方面又生氣小昭為什麼那麼理性。我不是才是理工人嗎?

*

盥洗完後,我滑開手機。和小昭的對話框依然停留在我的訊息:

「晚安,我先睡囉。」

我們過著 6 小時的時差,過去大半年來,總是她先說晚安,輪到我說晚安,然後她說早安,我再說早安。我們的問候精準到太陽都怕沒跟上。

「我手機今天有點問題,常常會自動關機。明天我會拿去修。」小昭昨天晚上說道。

或許是送修的結果不太順利。我雖然預期不一定會收到訊息,但真的發生時,心情還是沉到谷底。

我打起精神,還有很多事要做。歐洲週末不流行去辦公室,我還有更重要的任務:想辦法讓自己過得很好。旅行、烹飪、美食、文化體驗,盡情享受在歐洲的生活。當然,我其實一點都不喜歡這些。在地獄怎麼可能過得好呢?

我只是想拍照,準備素材跟小昭分享,讓她覺得歐洲生活很不錯,既不會擔心我,還可能放下台灣工作,來歐洲找我。

超展開數學約會

　　我大概是來德國的第13天時想到這件事。之後每天認真生活，到現在又過了149天。

　　「剛好都是質數哎。而且前面四個數字是1314，剛好諧音一生一世，說不定會有奇蹟發生噢。」

　　昨天晚上，孝和傳訊息安慰我。怎麼可能會有人在這時候還想到質數這件事！他又補了一個什麼「9除以3，我除了你還是你」的數學浪漫，但我連點開的心情都沒有。

　　盥洗後出門。阿亨是神聖羅馬帝國的首都，阿亨教堂是德國第一座聯合國文化遺產，阿亨大學則是歐洲知名的理工學校。走在老城區，居民、大學生，還有觀光客像是三種顏色融合在一起。有人在仔細觀賞佇立在路中間的銅像，大學生隨興地坐在路邊聊天。居民，則拎著從台灣帶來的購物袋，思考著等等要買什麼菜，星期天又要去哪裡旅行。

　　我先去露天市集挑水果，再到土耳其超市買肉，最後走進德國超市買一些民生用品。這是我幾個月下來在不同超市採買不同食物，總結出來最好的排列組合。這樣的採購順序則能排出最順的一筆畫路線，沿途還可以像現在這樣經過大教堂。

　　「你看，這是阿亨大教堂。」

　　「好漂亮噢！」

　　「買菜回家到一半忽然下雨，我就跑進來躲雨。」

　　之前我挑了一天人少的時候，跑去拍照給小昭看。還要刻意裝作一副不經意。

　　「我也希望有一天能去看看。」

# 外傳3

十年後……

「我要在這間教堂跟妳求婚。」

每次講到這邊,小昭都只丟我一個表情符號。我明明是認真的。

我滑開手機,小昭依然沒回我訊息,依然連已讀都沒有。

嘖。

一滴雨滴在螢幕上。什麼跟什麼,竟然下雨了嗎?

我拎著購物袋,隨著觀光客的腳步走進大教堂。穿越了昏暗的迴廊,來到滿是彩繪玻璃的正殿,神聖華麗的裝飾,就連視德國於地獄的我,也有種被療癒的感覺。

如今,我站在正殿入口處,一陣暈眩,天門開啟,天使鳴笛迎接,我彷彿真的來到天堂。我看見一位女觀光客,腳邊擱著我買的行李箱。她拿著手機比劃,試圖找出最好的拍照位置。

大學時,我曾幻想過各種遇見夢中情人的場景,結果在充滿吆喝聲的早餐店邂逅小昭。

我拍拍褲子右側的口袋。原來,這才是我們的夢幻場景。

超展開數學約會

「應該一下飛機,我就感覺到冰涼的空氣。德國跟台灣連空氣都完全不一樣。

我來找世杰了。

知道他要外派德國時,我一方面捨不得,但又覺得要好好鼓勵他。他做任何事都以我為中心,我很開心,可也很擔心,自己會不會成為他的負擔。所以,我這次一定要送他出去。

他出國後,我們過著 6 小時時差的生活。

唯一沒差別的是,我們都是一早起床就跟對方說早安,熄燈睡覺前一刻和對方說晚安。一天的開始與結束都是和彼此的問候。平常他會傳很多照片給我,告訴我在德國有多好玩、多有趣。

其實他根本就不喜歡那邊的生活。他只是強顏歡笑,試著分享生活中難得的快樂。一方面不讓我擔心,一方面也讓我更想過去找他。

為什麼我會這麼清楚呢?

因為我在台灣也很想他,所以從叫他去的那一瞬間,我就決定要去找他了,給他一個驚喜。

所以我買好機票,跟公司請了一個長假後,就在昨天晚上,我抵達了機場。我邊通關,邊若無其事地和他傳訊息,然後告訴他我手機有問題要送修。

「我先睡囉,晚安。」

我發完訊息後再補上貼圖。然後又發訊息給欣妤

「好~我會跟孝和講,叫他多跟你的準未婚夫聊天,讓他不會

## 外傳3

十年後……

太寂寞。才一天哎！你們會不會太誇張。」

「我就怕他會擔心嘛。」

發完訊息抬起頭，我坐在空無一人的候機大廳。當初世杰就是坐在同樣位置，在深夜裡等著飛往法蘭克福嗎？感覺一定很孤單吧。不過沒關係，我馬上就到了。

我一路搭火車來到阿亨。出站後叫了計程車到教堂。天空看起來灰灰的，世杰說阿亨就像基隆那樣，一年365天，有超過一半日子都在下雨。

阿亨大教堂跟世杰照片裡的一模一樣，不，應該說是更宏偉壯觀。踏進教堂，我彷彿走入了相片裡的世界，1200年前神聖羅馬帝國的皇帝在這裡加冕。

1200年後，我從一萬公里外來到此地。這一切都源起於10年前的一份等腰直角三角形三明治。

我選了一個最好的角度，拍下照片，點開世杰的對話框。明明才不到一天沒點開，卻覺得好像過了很久。我打下：

「這裡的確是求婚的好地點。」

他一定很驚訝吧。

我預期會收到一堆問號跟驚嘆號夾雜的符號。接著手機響起，他打給我，用裝作冷靜的語氣說我在騙他，這是網路圖片。然後，他會從周遭的聲音聽出異狀。他會要過來看看，我會笑著阻止他。我太瞭解世杰了，他的所有反應，就像公式推導一樣，一條條清楚地出現在我腦海中──

「妳願意嫁給我嗎？」

什麼？！我甚至連聽到鈴聲都沒聽到？！

我回頭一看，世杰單膝跪在地上，腳邊購物袋露出了一把蔥。他舉起戒指，周遭的觀光客紛紛拿出手機拍照，人們拍手、用不同語言說著「嫁給他！」。

「這次，我記得隨身帶戒指了。」

# 後記

## 站在數學無用論的另一側

我曾在德國住過幾年。德文對我來說就像克林貢語，
也因此我在德國的生活很淺層，無法深入了解真正的德國。
我看不懂路邊的廣告看板；無法在買東西結帳時跟櫃台閒話家常；
去市政廳廣場看大螢幕世足賽，德國隊踢進第四分時，
塑膠啤酒杯在空中飛舞，德國人對著我說了一大堆話，
我只能尷尬地聳聳肩跟他說：
「我不會說德文。」
他像搞懂什麼似地，拍拍我的肩膀，轉頭跟別人聊天。
我就像不溶於水的油，在名為德國的水面上漂浮。
我想懂不懂數學，某種程度也像這樣，
是「能生活」與「活得更有趣」的差異。

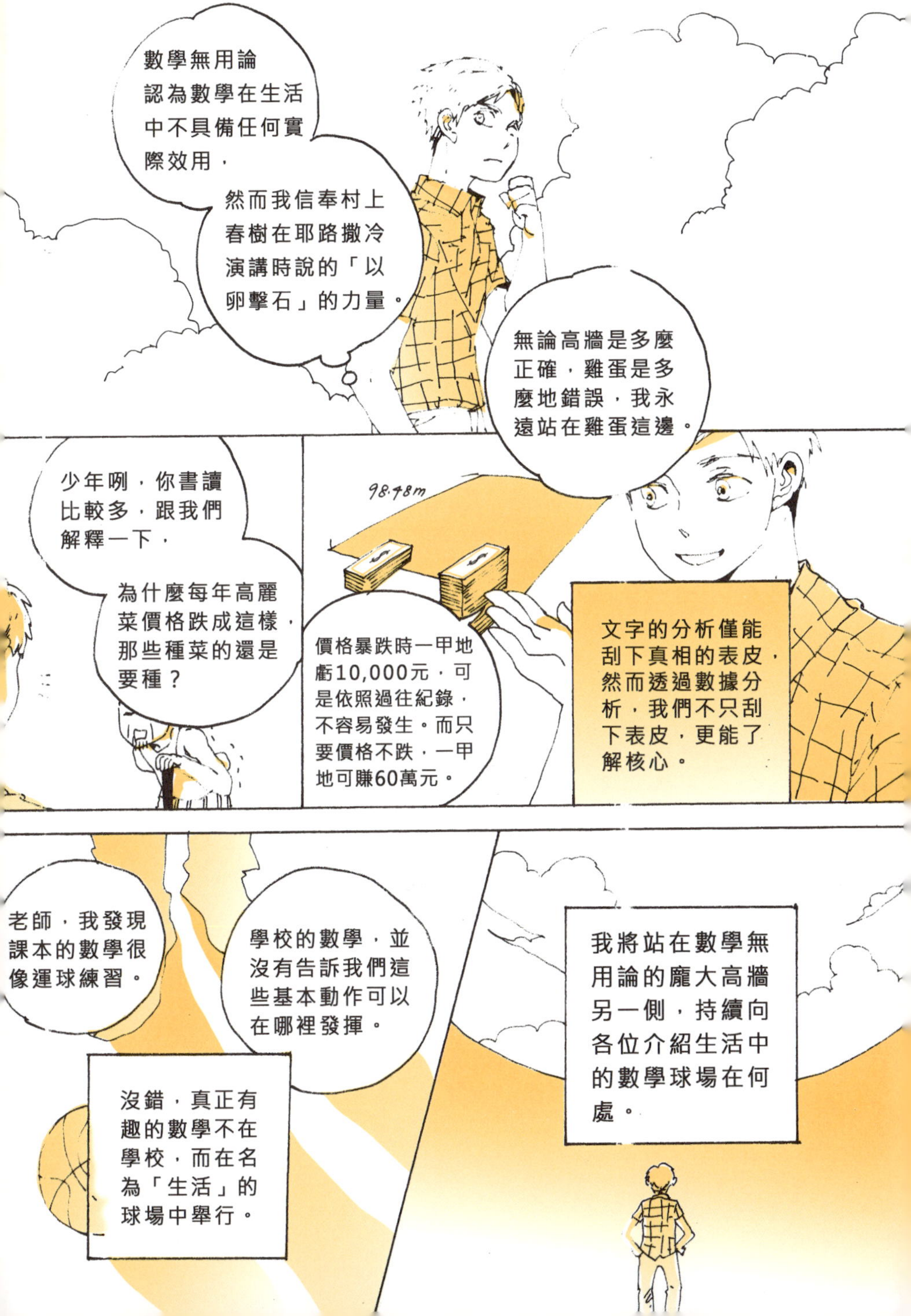
數學無用論認為數學在生活中不具備任何實際效用，
然而我信奉村上春樹在耶路撒冷演講時說的「以卵擊石」的力量。
無論高牆是多麼正確，雞蛋是多麼地錯誤，我永遠站在雞蛋這邊。
少年咧，你書讀比較多，跟我們解釋一下，
為什麼每年高麗菜價格跌成這樣，那些種菜的還是要種？
98.48m
價格暴跌時一甲地虧10,000元，可是依照過往紀錄，不容易發生。而只要價格不跌，一甲地可賺60萬元。
文字的分析僅能刮下真相的表皮，然而透過數據分析，我們不只刮下表皮，更能了解核心。
老師，我發現課本的數學很像運球練習。
學校的數學，並沒有告訴我們這些基本動作可以在哪裡發揮。
沒錯，真正有趣的數學不在學校，而在名為「生活」的球場中舉行。
我將站在數學無用論的龐大高牆另一側，持續向各位介紹生活中的數學球場在何處。

超展開數學約會

　　我是個標準的手無縛雞之力（新注音選成無腹肌，想想也滿貼切）之人，整日寫文章，做研究。這樣的日常生活自然跟螺絲起子沒有什麼關係。

　　不過，前幾天我買了一組 IKEA 桌子，為了組裝，只好再去買了把螺絲起子。

　　因為從來沒用過，常一個不小心就轉壞了螺絲。花上比別人多了好幾倍的時間，才勉強裝好桌子。晚上買消夜經過巷口的土地公，還祈禱了一番，希望桌子在少了幾個螺絲的情況下，還能好好用上個幾年。

　　「幹嘛不跟我借電動起子，超好用的哎。」

　　熱中 DIY 的友人事後這麼對我說，過了幾秒他才意識到，我連什麼是電動起子都不知道。

　　上述這段話乍聽之下有點扯，但倘若把「IKEA 桌子」換成「投資基金」，「螺絲起子」換成「數學」：

　　我的日常生活數學沒什麼關係，前幾天我買了一組投資基金，那時候我才去研究數學⋯⋯

　　我想，應該就會有不少人產生共鳴吧。

## 數學無用論

　　數學無用論〔專有名詞〕
　　認為數學在生活中不具備任何實際效用，也無法陶冶性情，純

# 後記

### 站在數學無用論的另一側

粹只有考試、讓人心情不好,以及在女同學面前表現的效果。作為安眠藥,倒是沒有任何副作用。

數學無用論的支持者相當多,如果登記社團法人,恐怕不亞於任何宗教團體,做個「數學無用大覺者」絕對有擠進 PChome 熱賣商品首頁的實力。

然而,我信奉村上春樹在耶路撒冷的演講:

「以卵擊石,在高大堅硬的牆和雞蛋之間,我永遠站在雞蛋那方。」

無論高牆是多麼正確,雞蛋是多麼地錯誤,我永遠站在雞蛋這邊。

我站在雞蛋那邊,我認為數學有用。

以下是我的「數學有用論」辯答詞,保證沒有一行公式,不具備催眠效果。

## 德文無用論

首先,我認為或許是因為從小到大的數學教育過於殘酷與無趣,導致許多人潛意識對數學用上較嚴格的檢驗:

去菜市場買菜,又不會用到開根號。

這段話沒錯。但仔細想想,去菜市場買菜會用到那些能力嗎?

259

超展開數學約會

辨別偽幣、蔬菜知識、說出「多少錢」（進階一點是「太貴了吧」）的語文能力、提塑膠袋的力氣……鮮少有跟課堂上教的知識有關。

我曾在德國住過幾年。剛去時，德文對我來說就像克林貢語，但我依然可以去超市買菜，只要手指、點頭、搖頭就夠了，搭配微笑跟皺眉是進階技能（身為男生，這些技巧也不管用）。

總不能因此就下結論「在德國生活不需要懂德文」吧？

可以噢，真的不需要。

事實上一直到最後我還是不大會講德文，非常慚愧，可是我的確在德國生活、唸了好幾年書，還去了很多地方旅遊，買了便宜的 Rimowa 行李箱。

可事後想想，我總覺得自己在德國的生活很淺層，無法深入了解真正的德國。我看不懂路邊的廣告看板，無法在買東西結帳時跟櫃員閒話家常，我就像不溶於水的油，在名為德國的水面上漂浮。我去市政廳廣場跟全市民一起看大螢幕世足賽，德國隊踢進第四分時，塑膠啤酒杯在空中飛舞，旁邊的德國人對著我們大笑，說了一大堆話，我只能尷尬地聳聳肩跟他說：

「我不會說德文。」

他像搞懂什麼似地，拍拍我的肩膀，轉頭跟別人聊天。

我想懂不懂數學，某種程度也像這樣，是「能生活」與「活得更有趣」的差異。

# 後記

### 站在數學無用論的另一側

## 數學有用論

　　回到菜市場的例子，買菜的確只需要加減乘除，但記得時有所聞的菜價暴跌新聞嗎？想像一下，假如此刻在市場，賣菜的阿伯問你：

　　「少年咧，你書讀比較多，跟我們解釋一下，為什麼每年高麗菜價格都會跌成這樣，啊那些種菜的是沒學到教訓，會賣不出去，還種那麼多幹嘛？」

　　各位會怎麼回答呢？

　　「嗯，明明知道會虧錢，卻還持續種植，可能是因為只會種高麗菜吧。或者，也可能想賭一把，要是價格不跌就會賺。」

　　不靠數學輔助的回答，大概只能到這邊。

　　前陣子有一篇文章，透過數據分析，清楚看到一甲地的栽種成本為 80000 元左右[1]。要是價格暴跌，直接放給它爛，運氣好拿到政府補助，一甲地只虧 10000 元。只要一公斤 6 元，即可抵銷栽種＋採收＋運輸成本。超過 6 元便能賺錢。作者又列出民國 98~103 年的高麗菜價，大部分時候，高麗菜都可以超過這個價錢。

　　透過數據輔助後，你就可以回答：

　　「價格暴跌時，一甲地虧 10000 元，可是依照過往紀錄，不容易發生。而只要價格不跌，一甲地可以賺上 60 萬元。只要資金周轉得過來，期望值大於 0，與其說是賭注，應該稱為投資比較恰當。暴

---

1. 請見 https://goo.gl/pvUp0P

跌不過就是投資失敗罷了。」

　　兩相比較，只有文字的分析僅能刮下真相的表皮。透過數學，才能潛入真相內部，更加了解核心。

　　當然，虔誠的數學無用論者恐怕不會就此被說服。

## 學校數學是無趣的基本動作訓練

　　虔誠數學無用論者可能會說：

　　「這是比例問題。數學至少荼毒了全台灣人民 12 年以上，害死了數億腦細胞，計算紙浪費的樹木多到都要被護樹聯盟討伐了。現在你只說它是一門『沒有沒關係、但有可以更美好的學問』，這玩笑未免也開太大了吧。」

　　「精確」、「嚴謹」是數學的本質，也是導致學習困難、數學課討人厭的關鍵因素。這是無法避免、但可以改善的，因為學校的數學課本只是一本「工具使用手冊」。

　　「老師，我發現課本的數學很像運球練習。」

　　「運球？」

　　聽到超展開的內容，雲方反應不過來。阿叉邊說邊真的拍起腳邊的籃球：「運球、傳球、三步上籃。解方程式、求角度、算最大值，課本都在講這些基本動作。我不是說基本動作不重要啦，只是練習基本動作很無聊啊，像那個誰就超不愛的。」

──《超展開數學教室》

　　學校的數學，並沒有告訴我們這些學習到的能力，可以在哪裡

發揮。考試，說穿了也只是測驗基本動作。依然不是球場。

真正有趣的球賽是在名為「生活」的球場中舉行。

## 排斥數學 vs. 用手轉螺絲

回到最一開始的例子，如果一直教螺絲起子的用法，完全不講螺絲起子何時可以派上用場，任誰也都會無聊到想拿螺絲起子戳老師額頭吧（好危險）。但如果知道要組裝 IKEA 的桌子，得旋上一百個螺絲──

「使用螺絲起子有技巧的，這樣做會比較省力噢。偷偷告訴你，其實還有更厲害的──電動起子噢。」

任誰都會想多了解一下了吧。

堅信數學無用論的人，或許會先入為主拒絕了解螺絲起子該怎麼用，渾然不知電動起子的存在。更糟糕地，恐怕連螺絲起子都沒用上，只用手轉啊轉地，然後埋怨著 IKEA 到底賣家具還是在賣指力訓練工具。

因此，與其堅信數學無用論，不如稍微調整一下：

「數學有用，只是教育體制中，還沒告訴我們數學該用在哪裡。」

我將站在數學無用論的龐大高牆另一側，持續向各位介紹生活中的數學球場在何處。

數感 FN2002Y

# 超展開數學約會
### 談個戀愛，關數學什麼事！？

| 作　　　者 | 賴以威 |
| --- | --- |
| 繪　　　者 | NIN |
| 編 輯 總 監 | 劉麗真 |
| 副 總 編 輯 | 陳雨柔 |
| 特 約 主 編 | 賴以威 |
| 責 任 編 輯 | 謝至平（一版）、黃家鴻（二版） |
| 行 銷 企 劃 | 陳彩玉、林詩玟 |

| 出　　　版 | 臉譜出版 |
| --- | --- |
| 事業群總經理 | 謝至平 |
| 發 　行 　人 | 何飛鵬 |
| | 城邦文化事業股份有限公司 |
| | 台北市南港區昆陽街16號8樓 |
| | 電話：886-2-25000888　傳真：886-2-25001591 |

| 發　　　行 | 英屬蓋曼群島商家庭傳媒股份有限公司城邦分公司 |
| --- | --- |
| | 台北市南港區昆陽街16號8樓 |
| | 客服服務專線：02-25007718；2500-7719 |
| | 24小時傳真專線：02-25001990；25001991 |
| | 服務時間：週一至週五上午09:30-12:00；下午13:30-17:00 |
| | 劃撥帳號：19863813；戶名：書虫股份有限公司 |
| | 讀者服務信箱：service@readingclub.com.tw |
| | 城邦網址：http://www.cite.com.tw |

| 香 港 發 行 所 | 城邦（香港）出版集團有限公司 |
| --- | --- |
| | 香港九龍土瓜灣土瓜灣道86號順聯工業大廈6樓A室 |
| | 電話：852-25086231　傳真：852-25789337 |
| | E-mail：hkcite@biznetvigator.com |

| 馬 新 發 行 所 | 城邦（新、馬）出版集團 |
| --- | --- |
| | Cite(M)Sdn.Bhd.(458372U) |
| | 41, Jalan Radin Anum, Bandar Baru Sri Petaling, |
| | 57000 Kuala Lumpur, Malaysia. |
| | 電話：603-90563833　傳真：603-90576622 |
| | E-mail：services@cite.my |

| 封 面 設 計 | 萬亞雰 |
| --- | --- |
| 內 頁 排 版 | 傅婉琪 |

一版一刷　2017年08月
二版一刷　2025年09月
ISBN：978-626-315-665-4（紙本書）、978-626-315-672-2（EPUB）
版權所有‧翻印必究（Printed in Taiwan）
售價：400元
（本書如有缺頁、破損、倒裝，請寄回更換）

---

國家圖書館出版品預行編目(CIP)資料

超展開數學約會：談個戀愛,關數學什麼事!? / 賴以威著. -- 二版. -- 臺北市：臉譜出版, 城邦文化事業股份有限公司出版：英屬蓋曼群島商家庭傳媒股份有限公司城邦分公司發行, 2025.09
面；　公分. --（數感；FN2002Y）
ISBN 978-626-315-665-4（平裝）

1.數學 2.通俗作品

310　　　　　　　　114007466